国家出版基金项目
NATIONAL PUBLICATION FOUNDATION

“十三五”国家重点出版物出版规划项目

世界海洋文化与历史研究译丛

帝国、大海与全球史

1763—1840年前后不列颠的海洋世界

Empire, the Sea and Global History

Britain's Maritime World, c. 1763–c. 1840

王松林　丛书主编
[英]大卫·坎纳丁(David Cannadine)　编
应　葳　译

palgrave macmillan　海洋出版社
2025年·北京

图书在版编目(CIP)数据

帝国、大海与全球史：1763—1840年前后不列颠的海洋世界／(英)大卫·坎纳丁(David Cannadine)编；应葳译. -- 北京：海洋出版社，2025. 1. -- (世界海洋文化与历史研究译丛). -- ISBN 978-7-5210-1473-0

Ⅰ. P7-095. 61

中国国家版本馆CIP数据核字第2025S8T418号

版权合同登记号　图字：01-2025-0628

Diguo、dahai yu quanqiushi：1763—1840 nian qianhou buliedian de haiyangshijie

责任编辑：向思源　苏　勤

责任印制：安　淼

海洋出版社 出版发行

http://www. oceanpress. com. cn

北京市海淀区大慧寺路8号　邮编：100081

鸿博昊天科技有限公司印刷　新华书店北京发行所经销

2025年4月第1版　2025年4月第1次印刷

开本：710 mm×1000 mm　1/16　印张：17

字数：238千字　定价：128.00元

发行部：010-62100090　　总编室：010-62100034

丛书总序

众所周知，地球表面积的71%被海洋覆盖，人类生命源自海洋，海洋孕育了人类文明，海洋与人类的关系一直以来备受科学家和人文社科研究者的关注。21世纪以来，在外国历史和文化研究领域兴起了一股“海洋转向”的热潮，这股热潮被学界称为“新海洋学”（New Thalassology）或曰“海洋人文研究”。海洋人文研究者从全球史和跨学科的角度对海洋与人类文明的关系进行了深度考察。本丛书萃取当代国外海洋人文研究领域的精华译介给国内读者。丛书先期推出10卷，后续将不断补充，形成更为完整的系列。

本丛书从天文、历史、地理、文化、文学、人类学、政治、经济、军事等多个角度考察海洋在人类历史进程中所起的作用，内容涉及太平洋、大西洋、印度洋、北冰洋、黑海、地中海的历史变迁及其与人类文明之间的关系。丛书以大量令人信服的史料全面描述了海洋与陆地及人类之间的互动关系，对世界海洋文明的形成进行了全面深入的剖析，揭示了从古至今的海上探险、海上贸易、海洋军事与政治、海洋文学与文化、宗教传播以及海洋流域的民族身份等各要素之间千丝万缕的内在关联。丛书突破了单一的天文学或地理学或海洋学的学科界限，从全球史和跨学科的角度将海洋置于人类历史、文化、文学、探险、经济乃至民族个性的形成等视域中加以系统考察，视野独到开阔，材料厚实新颖。丛书的创新性在于融科学性与人文性于一体：一方面依据大量最新研究成果和发掘的资料对海洋本身的变化进行客观科学的考究；另一方面则更多地从人类文明发展史微观和宏观相结合的角度对海洋与人类的关系给予充分的人文探究。丛书在书目的选择上充分考虑著作的权威性，注重研究成果的广泛性和代表性，同时顾及著作的学术性、科普性和可读性，有关大西洋、太平洋、印度洋、地中海、黑海等海域的文化和历史研究成果均纳入译介范围。

太平洋文化和历史研究是20世纪下半叶以来海洋人文研究的热点。大卫·阿米蒂奇（David Armitage）和艾利森·巴希福特（Alison Bashford）编的《太平洋历史：海洋、陆地与人》（*Pacific Histories: Ocean, Land, People*）是这一研究领域的力作，该书对太平洋及太平洋周边的陆地和人类文明进行了全方位的考察。编者邀请多位国际权威史学家和海洋人文研究者对太平洋区域的军事、经济、政治、文化、宗教、环境、法律、科学、民族身份等问题展开了多维度的论述，重点关注大洋洲区域各族群的历史与文化。西方学者对此书给予了高度评价，称之为“一部太平洋研究的编年史”。

印度洋历史和文化研究方面，米洛·卡尼（Milo Kearney）的《世界历史中的印度洋》（*The Indian Ocean in World History*）从海洋贸易及与之相关的文化和宗教传播等问题切入，多视角、多方位地阐述了印度洋在世界文明史中的重要作用。作者对早期印度洋贸易与阿拉伯文化的传播作了精辟的论述，并对16世纪以来海上列强（如葡萄牙和后来居上的英国）对印度洋这一亚太经济动脉的控制和帝国扩张得以成功的海上因素做了深入的分析 。值得一提的是，作者考察了历代中国因素和北地中海因素对印度洋贸易的影响，并对“冷战”时代后的印度洋政治和经济格局做了展望 。

黑海位于欧洲、中亚和近东三大文化区的交会处，在近东与欧洲社会文化交融以及欧亚早期城市化的进程中发挥着持续的、重要的作用。近年来，黑海研究一直是西方海洋史学研究的热点。玛利亚·伊万诺娃（Mariya Ivanova）的《黑海与欧洲、近东以及亚洲的早期文明》（*The Black Sea and the Early Civilizations of Europe, the Near East and Asia*）就是该研究领域的代表性成果。该书全面考察了史前黑海地区的状况，从考古学和人文地理学的角度剖析了由传统、政治与语言形成的人为的欧亚边界。作者依据大量考古数据和文献资料，把史前黑海置于全球历史语境的视域中加以描述，超越了单一地对物质文化的描述性阐释，重点探讨了黑海与欧洲、近东和亚洲在早期文明形成过程中呈现的复杂的历史问题。

把海洋的历史变迁与人类迁徙、人类身份、殖民主义、国家形象与民族性格等问题置于跨学科视野下予以考察是“新海洋学”研究的重要内容。邓肯·雷德福（Duncan Redford）的《海洋的历史与身份：现代世界的海洋与文化》（*Maritime History and Identity: The Sea and Culture in the Modern World*）就是这方面的代表性著作。该书探讨了海洋对个体、群体及国家文化特性形成过程的影响，侧重考察了商业航海与海军力量对民族身份的塑造产生的影响。作者以英国皇家海军为例，阐述了强大的英国海军如何塑造了其帝国身份，英国的文学、艺术又如何构建了航海家和海军的英雄形象。该书还考察了日本、意大利和德国等具有海上军事实力和悠久航海传统的国家的海洋历史与民族性格之间的关系。作者从海洋文化与国家身份的角度切入，角度新颖，开辟了史学研究的新领域，研究成果值得海洋史和海军史研究者借鉴。此外，伯恩哈德·克莱因（Bernhard Klein）和格萨·麦肯萨恩（Gesa Mackenthun）编的《海洋的变迁：历史化的海洋》（*Sea Changes：Historicizing the Ocean*）对海洋在人类历史变迁中的作用做了创新性的阐释。克莱因指出，海洋不仅是国际交往的通道，而且是值得深度文化研究的历史理据。该书借鉴历史学、人类学以及文化学和文学的研究方法，秉持动态的历史观和海洋观，深入阐述了海洋的历史化进程。编者摒弃了以历史时间顺序来编写的惯例，以问题为导向，相关论文聚焦某一海洋地理区域问题，从太平洋开篇，依次延续到大西洋。所选论文从不同的侧面反映真实的和具有象征意义的海洋变迁，体现人们对船舶、海洋及航海人的历史认知，强调不同海洋空间生成的具体文化模式，特别关注因海洋接触而产生的文化融合问题。该书融海洋研究、文化人类学研究、后殖民研究和文化研究等理论于一炉，持守辩证的历史观，深刻地阐述了“历史化的海洋”这一命题。

由大卫·坎纳丁（David Cannadine）编的《帝国、大海与全球史：1763—1840年前后不列颠的海洋世界》（*Empire，the*

Sea and Global History：*Britain's Maritime World*，*c. 1763-c. 1840*）就 18 世纪 60 年代到 19 世纪 40 年代的一系列英国与海洋相关的重大历史事件进行了考察，内容涉及英国海外殖民地的扩张与得失、英国的海军力量、大英帝国的形成及其身份认同、天文测量与帝国的关系等；此外，还涉及从亚洲到欧洲的奢侈品贸易、海事网络与知识的形成、黑人在英国海洋世界的境遇以及帝国中的性别等问题。可以说，这一时期的大海成为连结英国与世界的纽带，也是英国走向强盛的通道。该书收录的 8 篇论文均以海洋为线索对上述复杂的历史现象进行探讨，视野独特新颖。

海洋文学是海洋文化的重要组成部分，也是海洋历史的生动表现，欧美文学有着鲜明的海洋特征。从古至今，欧美文学作品中有大量的海洋书写，海洋的流动性和空间性从地理上为欧美海洋文学的产生和发展提供了诸种可能，欧美海洋文学体现的欧美沿海国家悠久的海洋精神成为欧美文化共同体的重要纽带。地中海时代涌现了以古希腊、古罗马为代表的“地中海文明”和“地中海繁荣”，从而产生了欧洲的文艺复兴运动。随着早期地中海沿岸地区资本主义萌芽的兴起和航海及造船技术的进步，欧洲冒险家开始开辟新航线，发现了新大陆，相关的海上历险书写成为后人了解该时代人与大海互动的重要文献。之后，海上贸易由地中海转移至大西洋，带动大西洋沿岸地区的文学和文化的发展。一方面，海洋带给欧洲空前的物质繁荣，为工业革命的到来创造了充分的条件；另一方面，海洋铸就了沿海国家的民族性格，促进了不同民族的文学与文化之间的交流，文学思想得以交汇、碰撞和繁荣。可以说，“大西洋文明”和“大西洋繁荣”在海洋文学中得到了充分的体现，海洋文学也在很大程度上反映了沿海各国的民族性格乃至国家形象。

希腊文化和文学研究从来都是海洋文化研究的重要组成部分，希腊神话和《荷马史诗》是西方海洋文学研究不可或缺的内容。玛丽-克莱尔·博利厄（Marie-Claire Beaulieu）的专著《希腊想象中的海洋》（*The Sea in the Greek Imagination*）堪称该研究领域的一部奇书。作者把海洋放置在神界、凡界和冥界三个不同的宇宙空间的边界来考察希腊神话和想象中各种各样的海洋表征和海上航行。从海豚骑士到狄俄尼索斯、从少女到人鱼，博利厄着重挖掘了海洋在希腊神话中的角色和地位，论证详尽深入，结论令人耳目一新。西方学者对此书给予了高度评价，称其研究方法“奇妙”，研究视角“令人惊异”。在“一带一路”和“海上丝路”的语境下，中国的海洋文学与文化研究应该可以从博利厄的研究视角中得到有益的启示。把中外神话与民间传说中的海洋想象进行比照和互鉴，可以重新发现海洋在民族想象、民族文化乃至世界政治版图中所起的重要作用。

在研究海洋文学、海洋文化和海洋历史之间的关系方面，菲利普·爱德华兹（Philip Edwards）的《航行的故事：18世纪英格兰的航海叙事》（*The Story of the Voyage: Sea-narratives in Eighteenth-century England*）是一部重要著作。该书以英国海洋帝国的扩张竞争为背景，根据史料和文学作品的记叙对18世纪的英国海洋叙事进行了研究，内容涉及威廉·丹皮尔的航海经历、库克船长及布莱船长和“邦蒂”（*Bounty*）号的海上历险、海上奴隶贸易、乘客叙事、水手自传，等等。作者从航海叙事的视角，揭示了18世纪英国海外殖民与扩张过程中鲜为人知的一面。此外，约翰·佩克（John Peck）的《海洋小说：英美小说中的水手与大海，1719—1917》（*Maritime Fiction: Sailors and the Sea in British and American Novels, 1719-1917*）是英美海洋文学研究中一部较系统地讨论英美小说中海洋与民族身份之间关系的力作。该书研究了从笛福到康拉德时代的海洋小说的文化意义，内容涉及简·奥斯丁笔下的水手、马里亚特笔下的海军军官、狄更斯笔下的大海、维多利亚中期的海洋小说、约瑟夫·康拉德的海洋小说以及美国海洋小说家詹姆士·库柏、赫尔曼·麦尔维尔等的海洋书写。这是一部研究英美海洋文学与文化关系的必读参考书。

海洋参与了人类文明的现代化进程，推动了世界经济和贸易的发展。但是，人类对海洋的过度开发和利用也给海洋生态带来了破坏，这一问题早已引起国际社会和学术界的关注。英国约克大学著名的海洋环保与生物学家卡勒姆·罗伯茨（Callum Roberts）的《生命的海洋：人与海的命运》（*The Ocean of Life: The Fate of Man and the Sea*）一书探讨了人与海洋的关系，详细描述了海洋的自然历史，引导读者感受海洋环境的变迁，警示读者海洋环境问题的严峻性。罗伯茨对海洋环境问题的思考发人深省，但他对海洋的未来始终保持乐观的态度。该书以通俗的科普形式将石化燃料的应用、气候变化、海平面上升以及海洋酸化、过度捕捞、毒化产品、排污和化肥污染等要素对环境的影响进行了详细剖析，并提出了阻止海洋环境恶化的对策，号召大家行动起来，拯救我们赖以生存的海洋。可以说，该书是一部海洋生态警示录，它让读者清晰地看到海洋所面临的问题，意识到海洋危机问题的严重性；同时，它也是一份呼吁国际社会共同保护海洋的倡议书。

古希腊政治家、军事家地米斯托克利（Themistocles，公元前524年至公元前460年）很早就预言：谁控制了海洋，谁就控制了一切。21世纪是海洋的世纪，海洋更是成为人类生存、发展与拓展的重要空间。党的十八大报告明确提出“建设海洋强国”的方略，十九大报告进一步提出要“加快建设海洋强国”。一般认为，海洋强国是指在开发海洋、利用海洋、保护海洋、管控海洋方面拥有强大综合实力的国家。我们认为，“海洋强国”的另一重要内涵是指拥有包括海权意识在内的强大海洋意识以及为传播海洋意识应该具备的丰厚海洋文化和历史知识。

本丛书由宁波大学世界海洋文学与文化研究中心团队成员协同翻译。我们译介本丛书的一个重要目的，就是希望国内从事海洋人文研究的学者能借鉴国外的研究成果，进一步提高国人的海洋意识，为实现我国的“海洋强国”梦做出贡献。

王松林
于宁波大学
2025年1月

译者序

作为一位从事教学十余年的英语教师，我非常荣幸能够加入“世界海洋文化与历史研究译丛”的译者团队，与各位同行一道参与海洋文化与历史研究系列书目的翻译工作。2018年，我收到海洋出版社寄来的《帝国、大海与全球史：1763—1840年前后不列颠的海洋世界》一书英文版时，一种神圣的使命感油然而生——一方面，大英帝国的历史向来备受史学家和历史爱好者的关注，从事这类文字的翻译工作便是在参与国际学术交流；另一方面，随着习近平总书记作出建设海洋强国的重大战略部署，着力于海洋文化与历史书目的汉译工作无疑是在响应国家的战略发展，具有一定的社会意义。

《帝国、大海与全球史：1763—1840年前后不列颠的海洋世界》一书的最大亮点在于以海洋为主线，从地理位置、身份认同、海军力量、天文测量、海事网络、跨国贸易、黑人境遇及社会性别等不同侧面探讨了18世纪60年代到19世纪40年代全球视角下的大英帝国历史。本书视野广阔，所收录的八篇文章内容涉及天文、地理、军事、哲学、社会学等多个学科领域，地域范围涵盖六大洲、四大洋。正如原著编者所言，不列颠海洋世界的范围远比大英帝国的统治范围更加广阔，用海洋视角看待不列颠这一时期的历史有助于我们摆脱地域局限性，更加透彻地认识不列颠世界。这八篇文章最初是2006年10月在伦敦大学举办的一系列“帝国讲座”的讲稿，文章作者均为英美著名大学的历史系教授，选文研究视角各异，既有放眼全球的宏观研究（如第五篇“海事网络与知识的形成”），又有注重细节的微观个案（如第八篇“性别与帝国”）；既有深入理性的哲学思辨（如第三篇“海洋视角下的帝国与英国身份”），又有反映历史现实的生动刻画（如第四篇“货物——从亚洲到欧洲的奢侈品贸易”）……因此，通读本书可以博采各家之所长，感受不同历史学家的文化心理，进而了解更加立体的不列颠历史。

本书的翻译工作主要完成于我在英国莱斯特大学访学期间，学校丰富的信息资源与开放的网络环境为我查阅相关背景信息带来了极大便利。此外，为了正确把握书中的历史文化内涵，我还有目的地走访了英国各地多座博物馆，向相关人士当面请教海洋方面的专业知识，以求全方位了解文章中涉及的相关历史背景。在搜集并查阅大量资料进行信息求证的过程中，我不仅攻克了各专业术语表达的难点，还更加明确了原文中一些模糊表达的含义（如西方对亲属称谓的宽泛表达、人物及专业机构的缩略语所指等），甚至发现了可能有悖于史料记载的几处错误（如人物身份、舰队名称、拼写等错误）。本着尊重原作、尊重历史的态度，我在保留原文表达的同时在译文中也加了注释，供读者自行判断。此外，由于不同作者的写作风格不尽相同，有些篇目行文流畅（如第四、六、七、八篇），我翻译起来得心应手；而有些篇章则专业性较强，且思维比较跳跃，翻译时需要反复阅读，以理清其中的逻辑关系，并通过适当变通确保在准确传达原文学术观点的前提下提高译文的可读性。

在翻译本书的过程中，我不免对两个“大国”进行比较——一边是昔日辉煌的日不落帝国，一边是正在实现民族伟大复兴的发展中国家；一个是凭借殖民扩张曾经占据世界1/4陆地面积的西方国家，一个是以和平方式不断扩大对外交往的东方大国；前者早已日渐式微，而后者正日益得到世界的认可。英国已褪去旧日的光芒，而中国正以积极主动的态度肩负起一个大国的责任。在全球意识不断崛起的今天，“人类命运共同体”的全球价值观越来越深入人心，它所倡导的“在追求本国利益时兼顾他国合理关切，在谋求本国发展中促进各国共同发展”的理念才是实现人类共同利益与共同价值的正确出路。

经过多年不懈的努力，我终于可以提交这份大作业了。值此译作出版之际，我要特别感谢英国莱斯特大学翻译研究中心主任应雁博士，是她为我访学期间查阅资料提供了种种便利，并给予了我诚恳的建议。我还要感谢时任宁波大学外国语学院杨新亮主任，是他的组织安排使此次翻译工作得以正常有序地开展。我更要感谢王松林教授、张陟教授等专家同仁的支持，他们在本书的翻译过程中给予了我无私的帮助。此外，还要感谢海洋出版社苏勤编辑为本书的翻译出版所付出的辛勤劳动，她一直关注着丛书翻译工作的进展，与译者团队保持着沟通联系。

最后，由于本人水平有限，译文中难免出现一些表达不到位的地方，恳请各方专家不吝批评指正。

应　葳

2025 年 1 月

原著编者及选文作者

玛克辛·伯格（Maxine Berg），华威大学历史学教授，时任全球史及文化中心主任。著有《奢侈与逸乐：18世纪英国的物质世界》（*Luxury and Pleasure in Eighteenth-Century Great Britain*）（2005年），并与伊丽莎白·伊格（Elizabeth Eger）共同编著了《18世纪的奢华：争论、欲望与令人愉悦的商品》（*Luxury in the Eighteenth Century: Debates, Desires and Delectable Goods*）（2003年）。

大卫·坎纳丁（David Cannadine），时任伦敦大学英国历史研究所教授，“伊丽莎白女王母亲”教授（Queen Elizabeth the Queen Mother Professor），同时担任英国国家肖像馆信托理事长。著有《梅隆：一个美国金融政治家的人生》（*Mellon: An American Life*）（2006年）、《英国国家肖像馆简史》（*National Portrait Gallery: A Brief History*）（2007年）。

斯蒂芬·康韦（Stephen Conway），伦敦大学学院历史学教授，著有《1775—1783年美国独立战争》（*The War of American Independence, 1775-1783*）（1995年）、《不列颠群岛与美国独立战争》（*The British Isles and the War of American Inde-*

pendence）（2000年）以及《18世纪中期不列颠及爱尔兰之战争、国家与社会》（*War, State, and Society in Mid-Eighteenth-Century Britain and Ireland*）（2006年）。

理查德·德雷顿（Richard Drayton），剑桥大学帝国及欧洲以外国家历史学高级讲师，同时担任萨塞克斯大学世界环境历史中心高级助理研究员。著有《自然的治理：科学、大英帝国及世界的改善》（*Nature's Government: Science, Imperial Britain and the Improvement of the World*）（2000年）。

菲利普·费尔南德兹·阿梅斯托（Felipe Fernández-Armesto），美国塔夫茨大学历史系"阿斯图里亚斯王子"教授（Prince of Asturias Professor）。出版著作19部，著有《寻路人：全球探险史》（*Pathfinders: A Global History of Exploration*）（2006年），《亚美利哥：美洲的赐名者》（*Amerigo: The Man Who Gave His Name to America*）（2006年），《世界：一部历史》（*The World: A History*）（2006年）。

凯瑟琳·霍尔（Catherine Hall），伦敦大学学院现代英国社会与文化史学教授。著有《教化臣民：1830—1867年间英国人想象中的宗主国和殖民地》（*Civilising Subjects: Metropole and Colony in the English Imagination, 1830-1867*）（2002年），与索尼娅·O. 萝丝（Sonya O. Rose）共同编著《了解帝国——英国本土文化与殖民帝国世界》（*At Home with Empire: Metropolitan Culture and the Imperial World*）（2006年）。

P. J. 马歇尔（P. J. Marshall），伦敦国王学院帝国历史学

“罗兹”教授（Rhodes Professor），同时担任皇家历史学会主席和《牛津大英帝国史》（*Oxford History of the British Empire*）（18世纪卷）（1998版）编辑。著有《帝国的缔造与瓦解：1750—1783年前后的不列颠、印度与美利坚》（*The Making and Unmaking of Empires: Britain, India and America, c. 1750-1783*）（2005年）。

菲利普·D. 摩根（Philip D. Morgan），约翰霍普金斯大学“哈里·C. 布莱克”历史学教授（Harry C. Black Professor of History）。著有《与奴隶身份相应的特质：18世纪切萨皮克与南卡罗来纳州低地地区的黑人文化》（*Slave Counterpoint: Black Culture in the Eighteenth-Century Chesapeake and Lowcountry*）（1998年），与克里斯多夫·L. 布朗（Christopher L. Brown）共同编著《武装奴隶：从古典到现代》（*Arming Slaves: From Classical Times to the Modern Age*）（2006年）。

西蒙·谢弗（Simon Schaffer），剑桥大学科学史教授。近期专注于首批赴华英国使节研究以及英国天文学家南海经历研究。

目　录

引　言

大卫·坎纳丁

从第二次世界大战结束到20世纪末这漫长的50多年里，历史上所有的欧洲帝国都已宣告终结。其中不仅包括大英帝国与法兰西帝国，还包括西班牙、葡萄牙、荷兰、比利时和丹麦。也许最出人意料的就是位于东欧的“苏维埃帝国”了，尽管(或者是由于?)它实行了“恐怖统治”“极权主义”和“专政”，却竟然成了上述帝国中最短命的一个。

欧洲各帝国可能都经历过尼尼微和提尔古城那样的发展历程[如吉卜林(Kipling)曾预言的那样]，在今天，帝国的绝对统治权依然存在。需要说明的一点是，几个世纪以来，无论对哪个大洲、何种文化来说，帝国一直都是最长久的政治组织形式。它在持续时间上超越了古代、中世纪以及近代早期所有对领土进行控制的朝代形式，而在出现时间上也早于后来民族国家的诞生。或许这就是为什么最近帝国研究(特别是大英帝国研究)在大西洋两岸的学术界和大学里如此受欢迎的其中一个原因吧。当乔治·W. 布什[①]揣着野心冒险向中东地区输出自由与民主，并向他们显露出新帕麦斯顿主义意味的时候，一些美国学者和评论员不禁会产生这样的疑惑：自己的国家是否（或者应当？）也是一个遵循了不列颠模式的帝国？在英国和美国，后殖民主义研究是一个主要的学术成长领域，专业人士似乎更关注大英帝国（或至少关注其中一部分）而不是其他帝国。随着关于"不列颠意识"的辩论持续不断，帝国在界定国家身份方面所扮演的角色正受到前所未有的关注。不列颠历史或许不再像它还是个大国时那样吸引世界的目光了，但随着国际交往的日益密切，不列颠历史正代表着（或者说**重新**[②]代表着）了解全球历史和世界历史的最佳途径之一。

这是个非常不错的发展趋势，本书所收录的文章旨在探索 18 世纪 60 年代到 19 世纪 40 年代全球视野下大英帝国历史的某些方面。诚然，这一领域并非无人涉足，英国在这期间取得了七年战争[③]的胜利，痛失了美洲殖民地；战胜了拿破仑，又经历了属于英国世纪的 19 世纪的头几十年；向印度发起了大规模军事扩张和商业扩张，并开始在南非、澳大利亚和新西兰建立定居点；1807 年废止了奴隶

① 2001 年至 2009 年担任第 43 任（第 54-55 届）美国总统。——译者注
② 原文为斜体。——译者注
③ 1756—1763 年。——译者注

贸易，又于1833年在帝国范围内全面废除奴隶制，等等。提到大英帝国这一时期的历史，人们总是无法回避这些重要事件，同时它们也是世界历史上的重大事件，大英帝国只是其中的一部分。这段历史充满了不同力量的抗衡与竞争——革命与反抗、“自由”与帝国主义、战争与和平以及启蒙、奴役与解放。这期间英国历史上的很多事件不但发生在不列颠的海岸线以外，甚至还超出了处于扩张—收缩—再扩张的帝国范围。在这一时期，一个能将不列颠整个国家、帝国、国际以及全球各方面因素联系在一起并产生影响的关键要素就是**大海**[①]：因为不列颠世界、不列颠与领土外世界之间的关系就是用海洋的术语来界定的，因此也应当借助这样的术语来理解。

之所以要引入海洋视角来研究我们过去称为不列颠“扩张”的这段历史，其中一个好处就是，这样有助于我们摆脱大英帝国历史的地域局限性。菲利普·费尔南德兹·阿梅斯托在第一篇就用他特有的颇具挑战意味的语言指出，大英帝国绝对不是欧洲第一个也不是欧洲唯一一个伟大的海上帝国。几乎每一个位于大西洋沿岸的国家，如葡萄牙、西班牙、法国、荷兰、比利时、丹麦，都曾一度成为海洋帝国。从这层意义上讲，大英帝国除了出现得相当晚之外，在经历上并没

① 原文为斜体。——译者注

有什么独特之处。用海洋视角看待大英帝国的历史带给我们的意外发现还不止这一个：斯蒂芬·康韦认为，皇家海军的精力主要集中在大陆水域而非帝国边陲，而且英国海军将领取得的重大胜利也大多发生在本土附近，而非远在千里之外。不过 P. J. 马歇尔认为，在这期间，英国人**的确**[①]喜欢将帝国与海军还有自由联系起来，至少在 1776 年形势变坏之前是这样的。但随着美洲殖民地的丧失，同时受到征服并统治南亚的野心驱使，那些既关心时政又喜欢议论时政的人们发现，大英帝国的性格正在发生转变：它正在从一个崇尚海洋和自由的帝国变得趋于诉诸军事和专制。

用海洋视角看待大英帝国能带给我们一些新的见解和不同的语境，而且还不只这些。不可否认的是，虽然这一时期英国在东方的主要贸易伙伴是印度，而且随着管辖范围的扩大，英国与印度的贸易往来也更加频繁，但玛克辛·伯格指出，英国的贸易对象还有日本、东印度群岛以及中国，特别是中国，外销的瓷器受到了 18 世纪英国不断壮大的消费阶层的欢迎。不过，英国与东方开展的贸易既没有表现出任何“帝国”特征，也没有表现出任何英国特色：因为其他的海洋帝国，如葡萄牙、荷兰、法国和丹麦也在与东方国家保持着贸易往来。无独有偶，理查德·德雷顿也认为，我们需要用

① 原文为斜体。——译者注

比较的眼光来看待欧洲帝国与海上贸易，海上贸易联结了帝国、超越了帝国，也约束了帝国。正如他指出的那样，在蒸汽轮船发明以前的几百年里，都是由风流和水流来决定哪里最容易航行的，从而也决定了哪里最容易开展贸易、定居和征服——只不过当时人们所开展的贸易、定居或者征服活动都局限于小岛、河岸及沿海的狭长地带。在西蒙·谢弗看来，正是由于人们需要从事这种极度危险的活动，所以才需要不断改进航海、计时、天文及测量的仪器和技术。因为这些改进不仅可以帮助大英帝国绘制地图、了解世界、实现领土扩张，也有助于那些没有被大英帝国吞并的国家开展类似的活动。

在大英帝国的内部，海上生活虽称不上包罗万象，但也可谓千姿百态，而且在种族和性别(还有阶级)方面表现出了极度的(或者说趋于?)差异化。菲利普·D. 摩根注意到，黑人的海上经历真可谓形形色色，他们在非洲、跨大西洋奴隶贸易的中央航路以及美洲的遭遇极为复杂。1807 年以前，不列颠的大西洋也是“黑人的大西洋”：奴隶制度通过海上活动得以维续。但非洲人并非只是任由英国白人在帝国内部随意转移的商品，还有相当一部分黑人在海上以雇员的身份积极参与着奴隶贸易。他们要么做船夫，要么当水手，既行使着一定的权力，又获得了一些收入，而其他黑人却在忍受痛苦甚至死亡。在大英帝国的海洋世界里，虽然黑人男性可以成为海员或奴隶，但妇女（无论什么肤色）似乎很少得到雇用。19 世纪以前，海洋代表了一个男性的世界，而在陆地上则是以女性和家庭为主。看来海上生活是被性别化了的，因为几乎没有女性参与者；但帝国生活却表现出了另外一种性别化特征——凯瑟琳·霍尔通过两个案例研究指出：帝国是存在相当数量的女性的，而且环境让她们深感自己与男人的不同。因此，虽然大英帝国是一个海洋帝国，但性别在海洋和陆地上却发挥着不同的作用。

这一时期是大英帝国所经历的一个重要的发展阶段，包括帝国建立、遭受重创、艰难维持以及领土扩张，因此本书所收录的文章具有一定的连贯性，每篇文章都从不同侧面反映了大英帝国的海洋特征。这些文章不仅让我们更加意识到海洋与陆地之间联系的重要性，而且清晰地表明了不列颠海洋世界的范围远比它的海上帝国还要广阔。没有皇家海军和商船队就不会有大英帝国，但那些军舰和飘扬着英国国旗的货船总会有其他事情可以做，有其他地方可以去。因此，本书希望能够让读者重新思考不列颠陆地帝国与海洋帝国之间的关系，进而重新审视帝国历史与海洋历史的关系。虽然它们之间的确存在联系、交会与重叠，但却不可彼此替代。英国在全球范围的影响力要远大于它在帝国内部的影响力，而且更加分散，其中一个原因就在于，不列颠海洋世界的范围远比不列颠帝国的统治范围更加广阔。尽管这样讲有些奇怪或者出人意料，但我们之所以要更加深入地了解海洋历史，其中一个原因就在于，它可以使我们更加透彻地认识帝国历史，这也是我们编写本书的一个初衷。如果本书能够有助于激励一些人从事这方面的研究，那么它也算是实现自己的价值了。

本书收录的这些文章最初是 2006 年 10 月在伦敦大学议会大楼举办的一系列“帝国讲座”的讲稿，本次活动得到了位于格林尼治的国家海事博物馆帝国及海洋研究中心以及伦敦大学高等研究院历史研究所的共同资助。在此，请允许我向组织这次系列讲座的工作人员表示由衷的感谢，特别要感谢罗伯特·布莱斯（Robert Blyth）、瑞秋·吉尔斯（Rachel Giles）、道格拉斯·汉密尔顿（Douglas Hamilton）、玛格丽特·林肯（Margarette Lincoln）、珍妮特·诺顿（Janet Norton）以及奈吉尔·里格比（Nigel Rigby）。在本书的编辑和出版过程中，很高兴再度与帕尔格雷夫·麦克米伦出版公司的露丝·爱尔兰（Ruth Ireland）、迈克尔·斯特朗（Michael Strang）以及蔡斯出版有限公司（Chase Publishing Services）的雷·阿迪科特（Ray Addicott）、奥利佛·霍华德（Oliver Howard）进行合作；此外，我还要感谢海伦·麦卡锡（Helen

McCarthy)，在她的努力下，本次出版工作才得以顺利开展。我更要向书中的所有作者表示由衷的感谢，他们守时的态度丝毫不亚于自身具备的专业水准，这些宝贵的品质也是海员与历史学家尤为看重的。

大卫·坎纳丁

2007年2月11日

于伦敦大学议会大楼历史研究所

第一篇　不列颠、大海、帝国与世界

菲利普·费尔南德兹·阿梅斯托

英国历史在课堂上已经失去了它的帝国地位，而且尚未找到一个合适的定位。情理之中的是，随着英国世界影响力的衰落，人们不再像以前那样关注这门科目了，据说，学生也不再想研究它了。此外，随着联合王国[①]各组成部分重新彰显自己的历史身份，不列颠维度的拥趸不断面临着各种批评及同行的质疑——“英国历史”到底是什么，或者说它应该是怎样的？研究英国历史有什么实际意义？而且，世界史本来就是一门寻找研究方法的科目，是一个研究定义的学科，可在我看来，学校却在用精心谋划的方法讲授世界史，这对学习世界史的学生来说是一种误导，有些学生会因此而放弃学习这门科目。与此同时，海洋史研究虽然在学术界越来越受到人们的关注，但在大学课堂里却仍然受到冷落，这一话题反而更容易见于报端而不是象牙塔。人们谈论帝国或许并不是因为它有多么高的学术价值，而是因为这样至少显得比较时尚[②]。美国已开始自我反省，在这一启发和激励下，一

① 即大不列颠及北爱尔兰联合王国。——译者注
② 原文为法语 *à la page*。——译者注

个重新评价帝国甚至让帝国复兴的新时代——我们可以称为后-后殖民主义时代(post-postcolonial)已经到来。美国人发现自己的国家竟然是一个帝国——至少表面上看像一个帝国，走起路来像一个帝国，叫起来也像一个帝国——这不禁让历史学家开始重新思考，席卷世界的西方帝国主义究竟给我们带来了怎样的利与弊。

我不想过多慨叹这些学科在大学里所处的尴尬境地，也不想对帝国作出任何道德评价，我只想探索为什么大英帝国的海洋史长期以来一直受到人们的关注，意义何在，同时探究其中的一个关键议题，即大海与帝国是如何将英国历史与世界历史联系在一起的。此外，我还将特别关注把“英国”和“世界”这两个词放在一起讨论能说明什么——英国在世界上的影响力究竟有多大。或许这种影响力的性质曾经被一些亲英派所歪曲，他们过分夸大了英国的影响范围及其独特性，但我依然认为这背后隐含了一个比较突出的问题。只要有资格发言，再大胆的想法都不为过。不惑之年的德鲁·米德尔顿(Drew Middleton)认为，英国人在极大程度上“参与了人类的历史”[1]；年近花甲的斯蒂芬·利科克(Stephen Leacock)也坚信，“今天，在影响人类处境这方面，英国依旧发挥着主要作用”[2]，或者说至少还在影响着我们生活的这个世界。虽然英国的影响力已经退去，但它的残余力量依然随处可见，在不列颠影响力退去的沙滩上还散落着一些残渣。你会感觉到传承的力量无处不在。比如，在阿根廷巴塔哥尼亚的教堂里，会众们依然在用威尔士语吟唱圣歌；在毗邻的智利，有模仿英国教育体制而设立的质量尚可的预科学校；再往南一点，生活在南美洲最南端、曾经受到英国人影响的火地人以及生活在北极地区的铜地因纽特人，他们中的一些青年人会用英语交谈，也玩英式足球；你会惊奇地发现，在新加坡中区的一座英式大教堂旁边，还有专门为板球运动而开辟的场地；在日本，人们会表演莎士比亚一些极富创造力的戏剧；[3]你会在哈拉雷①听到《英国国会议事录》的语言，在去墨尔本旅游时你会看到这些城市也有炸鱼薯条店，也有戴着假发帽的律师。类似的情况比比皆是：在德国，1988年上演的莎士比亚作品共有103部，这在数量上远远超过了任何一位德国本土的剧作家；[4]还有，莫桑比克加入了英联邦；或者，我还知道在西班牙城郊，有两处模仿英式风格打造的住宅区；还有，法国人(或者说一部分法国人)竟然喜欢橄榄球，这在我看来是最令人惊讶的一种文化传播了。

这些都只是实例，并非论点。同时这些实例也可以说明，当时的文化交流可以穿越国界，就像今天人们通过旅游和交流将不同的文化形式自由地传播到世界各地一样，所产生的效果不容小觑。如果你把它们放到一个大的背景下来考虑——源自英国的文化向其他民族传播这样一个背景(特别是

① 津巴布韦的首都。——译者注

英语语言、英国的法律和政治制度及惯例的传播，还有最重要的一点，也是经常被学者低估，但却被普通民众视为珍宝的一点，那就是英国起源的运动)——你所看到的现象就需要人们去解释，也值得我们去解释。与古希腊和古代中国相比，英国的影响力远没有那么久远，它只不过是近来突然出现的短暂现象，锦上添花而已。英国历史与大西洋沿岸其他西欧国家的历史有着共同的特征，这些都是世界历史领域中尚未解决(其实是尚未引起注意)的问题。我之所以能够比较公正地谈论此事，是因为我继承了父辈的加利西亚血统。我们家族所生活的地方应该算是欧洲最西端的地区之一了(如果不算冰岛、加那利群岛和亚速尔群岛的话)，再往西就只有少数爱尔兰人和葡萄牙人生活了。

因此我可以发自内心坦率地说，我们西欧人是欧亚历史的余烬，我们所居住的这片土地见证了欧亚历史的消亡。我们喜欢夸耀自己或夸耀我们的祖先曾经是欧洲一些重大历史事件的发起者。中世纪拉丁基督教世界的向东扩张、一次(或者说有三次)文艺复兴、科技革命、启蒙运动、法国大革命以及工业化，这些都是决定欧洲历史走向的大事件，而且都是自西向东推进的。然而假如我们从更长远一点的视角再来审视一下欧洲的历史(比如我大胆想象从银河系博物馆管理员的视角出发，他们将站在更宏大的时空跨度上，更加客观地看待我们的历史，而这种客观性是我们这些尚处在所生活着的时空中的普通人所无法企及的)，我们就会发现，影响欧洲进程的历史事件至少有一半是**反向**①推进，即自东向西推进的。比如农业、冶金术以及印欧多语种的传播；比如腓尼基与希腊的殖民扩张(它们都受到来自“赫利孔的东方面孔”的影响)；比如历史上犹太人的几次大迁徙(从某种意义上讲，基督教的产生也与这几次迁徙活动有关)；比如东方数学和科学技术的传入；比如日耳曼民族、斯拉夫民族和大草原民族的入侵；比如奥斯曼帝国的扩张以及过去我们称之为国际共产主义的思想在近现代的突然侵入，等等。诸如此类的事件，在大西洋沿岸留下了一些被历史淘汰的人或物，它们在那里停留长达几百年甚至几千年，不得继续西进，仿佛被风裹挟了一般。关于它们的历史，最大的问题并不在于为什么它们经由海路向世界传播，而是在于为什么它们花了这么长的时间。站在西欧沿海地区的角度看，“欧洲奇迹”的神奇之处就在于，大多数历史没有奇迹。

I

我所关注的问题——英国影响力在世界的传播——最好放在这样一个更大的背景下来考量。我并不希望从帝国的视角来看待这个问题，因为我不喜欢帝国。进一步讲，从某种意义上来说，这根本就不是一个帝国问题，毕竟从长远来看，

① 原文为斜体。——译者注

影响力的传播可以通过其他手段来实现，英国已有过这样的先例。我会先从那些非帝国因素说起，稍后再谈帝国因素。帝国外或非帝国因素的传播方式大致可以分为以下几种情况："和平殖民""模仿"或者你也可以叫它"文化效仿"以及被我称为"连带效应"的(即不是由发源地直接向外传播，而是通过某些介质进行传播)这几种传播方式。

"和平殖民"有时是行为人有意为之的改造，如传教士(有时还有小贩或商人)的定居行为，这种情况通常与帝国扩张同时发生；但从世界范围来看，历史上那些影响力传播最成功的案例都不曾带有任何帝国意图。其中最令人称奇的就是犹太人的例子了，他们虽然人口数量少，但对人类的贡献却是巨大的。犹太人的每一次迁徙都是因为受到了其他帝国的迫害或者驱逐而被迫进行的，然而自古以来他们却从未有过任何帝国野心。还有一个不太明显但很类似的情况，那就是吉卜赛人的例子。吉卜赛人的教育传统与犹太人截然不同，而且他们对所经之处的高雅文化影响也非常小。但他们无论走到哪里都能激发起人们的想象力，并且将思想、书籍和视觉艺术与浪漫的形象联系在一起，凡是与他们共同生活过的民族，他们的音乐中都能增添一些特殊的声音元素。英国有两次殖民都具有这样的特征：一次是威尔士人对巴塔哥尼亚的殖民；还有一次是爱尔兰人对美国的殖民。这两类移民都可以归为逃离大英帝国的移民，他们当中有些人甚至不愿提及自己的英国血统，比如爱尔兰人，但在当时，爱尔兰还是英国的一部分。爱尔兰人和威尔士人都是英国文化传播的媒介，英国文化在他们的所到之处扎了根，并且经历了一定的改造。

还有一种我称之为“连带效应”的情况同样可以用犹太人的历史来做例子，因为基督教的传播者最初就是从犹太人那里接受的这一宗教信仰，并把它传向世界的。这个被犹太人视为异端的宗教从使徒时期开始就在非犹太人中间传播了，并且在世界上占据着如此举足轻重的地位。我们之所以认为这是一段与犹太人有关的历史，是因为如果当初不是犹太移民社群把基督教推广到罗马世界的内部和周边，恐怕基督教很难有立足之地，也很难一跃成为后来的世界宗教。同样，伊斯兰教也深受犹太人的影响。在过去的1500年里，希腊和罗马的影响力传播也主要借助了其他媒介(尽管罗马帝国在维系影响力的传播过程中也扮演了至关重要的角色)，这期间，所谓的经典艺术和思想侵入了学校的教学大纲和每一寸有人类居住的土地[5]。

以上案例都还比较典型，相比之下英国以“连带效应”的方式进行文化传播的情况就比较少了，但其中却包含了一种或许被大多数人认为是最重要的情形，那就是英语语言的传播。英语的传播超越了大英帝国的界限，也超越了英国在任何其他方面的直接影响，英语在美国的传播下成为一种“世界语言”。诚然，英国文化教育协会和英国广播公司在最近这100年里的确扮演了重要的角色，但它们的作用却远不及好莱坞、美剧、美国旅行者和美国陆军，而且无论是在教育机构的知名度、可及性还是在经济实力和军事实力方面，英国也都远不及美国。这也说明了为什么菲律宾要称自己是世界上第三大讲英语的国家，同时也可以解释为什么“国际英语”对于那些在英格兰学习英语的人来说是如此陌生了(当那些来自全球不同国家的人聚在一起的时候，会选择用“国际英语”而不是英语进行交流)。此外，“连带效应”的传播媒介还包括非大英帝国和准帝国的情况，比如美国(美国在扩张领土的同时，也将英语语言和英国的政治和法律惯例带到了那片未知的土地，否则那里可能永远都无缘接触到这些事物)，还有20世纪曾经短暂享受过帝国特惠制的澳大利亚、新西兰和南非。

英国影响力向外传播的最后一种方式就是“文化效仿”。这里我主要想谈两个由于反差太明显而在之前没有提到的例子，那就是莎士比亚和体育运动。关于体育运动我想主要讲英式足球。或许有人会认为讲高尔夫球(众所周知，高尔夫球是苏格兰人的发明)或者草地网球(尽管英、法两国还在就它的起源或者说“正宗”血统问题争论不休，但就目前流行的玩法来看，它是起源于英格兰的)更合适，因为这两项运动无论在哪儿都比较受欢迎，而英式足球在世界有些地方可能不如其他足球赛事有更多受众。可是在我看来，英式足球比其他任何一项运动都更能激发人们的热情，并且有更多的人作为球员和观众参与其中。就像大英帝国或者其他形式的足球运动一样，很难讲它是英国公学制度带给世界的一杯美酒还是一剂毒药。[6]这项运动最早起源于温切斯特，后来由一位早先毕业于温切斯特公学的主教把它带到了南非，我想这就是为什么你会在南非的一些地区看到有人玩英式足球的原因了。[7]而英式橄榄球之所以能够在大英帝国以外传播，主要是因为一些旅英的留学生把这项运动带回了西班牙、意大利、罗马尼亚和日本等国家。而作为当代橄榄球重镇之一的阿根廷，情况却不太一样，把这项运动带到那里去的是19世纪70年代英国的工商界人士。伊顿足球只有伊顿校友和英国近卫步兵才玩，在伊顿公学以外的其他地方就不那么流行了。

然而，英式足球这项最早可能起源于查特豪斯公学和威斯敏斯特公学的运动主要是由一些见过它的人出于喜爱而无私地将它传播开来的。托尼·梅森(Tony Mason)在他那本关于南美足球的书①中生动地讲述了英式足球是如何经由英国商人和教师传入巴西、阿根廷以及乌拉圭的——但这项运动在南美大陆内部的发展却如同接力棒传递和野火蔓延一样势不可挡。[8]一些水手(不一定是英国水手)利用上岸假期的机会不经意地将这项运动带到了很多海滨地区。如今，国际足球联合会宣布，加入该组织的成员国已超过了其他任何一个国际组织，从某种意义上来讲，这还多亏了英国人的自谦。英式足球似乎已经得到了世界人民的普遍认可，就像人们喜爱日本园艺、中国瓷器、法式烹饪和意大利诗歌形式一样，这个世界已无法抗拒足球的魅力，人们因为喜爱它所以接纳了它。

---

① 指《南美足球——全民狂热》(*Passion of the People? Football in Latin America*)。——译者注

至于莎士比亚在全世界范围内被广泛接受是否也可以算作这种情况，目前在学术界还存在争议。争论的焦点不仅仅在于英国的影响力在多大程度上得益于帝国主义政策，而且还触及了不同批评学派所辩论的核心矛盾：一方是西方经典文学的捍卫者，另一方则是批评者；一方是传统的批评家，他们试图找出真正伟大的作品，而另一方是结构主义者或相对主义者，他们反对价值等级，并试图在具体的社会环境中去理解艺术的魅力。莎士比亚是属于文学还是文化现象？如果他的作品属于文学，而且真的很伟大，那么它的传播就不需要做进一步的解释；如果只是一种文化现象，那么它一定是借助了某种力量（如帝国的宣传）才能超越时空的限制传播开来的。[9]它就是“权力话语”的一部分。[10]

我个人对这一争论比较感兴趣。记得我小时候在英格兰读书那会儿，莎士比亚着实让我痛苦万分。我很不理解为什么人们会对这位作家赞不绝口，他的作品情节那么荒诞、幽默那么晦涩难懂，悲剧粗俗又血腥，人物被过度刻画，而且从现有资料来看，他的编剧水平也乏善可陈。无可否认，莎士比亚的确很擅长文字功夫，但恰恰是这种语言技艺是很难在传播过程中得以保全的，而且作品在翻译成其他语言时，这种效果就完全丧失了。让我更不能理解的是，为什么人们说他体现了“快乐的英格兰”精神——把他当作伊丽莎白统治时期英格兰神话中的一位英雄？而在那个举国繁荣的年代，是否足够优秀向来是需要通过与西班牙进行比较才能确定的。

对于一个名叫菲利普·费尔南德兹·阿梅斯托的男孩儿来说，那段时间他非常痛苦。我虽然可以轻易地让自己承认莎士比亚的确享有盛誉，但不是出于他的功绩，而是鉴于英格兰在维护他的名誉方面所做出的巨大努力。我甚至认为，英格兰人是有意要将他塑造成一位受世人景仰的天才的，目的就是要树立一个可以代表他们民族的文化符号，否则英国在高雅文化领域就将缺少一位标志性人物了。[11]

让我惊讶的是，现如今在批评界里依然有人像我当年那样对莎士比亚抱有偏见，而我已然意识到了自己当时的年幼无知。的确，英国人出于帝国统治的目的过度消费了莎士比亚。[12]著名的莎学专家查尔斯·贾斯帕·西森（C. J. Sisson）在大英帝国还处在鼎盛时期时去了剑桥大学做过一次讲座，当时他刚从印度回来，那次讲座“知道的人不多”。讲座的题目叫作《莎士比亚在印度：孟买舞台上的流行改编剧》（*Shakespeare in India*：*Popular Adaptations on the Bombay Stage*）。他先是慨叹了前几年莎士比亚作品在专业舞台上曾遭到印度百姓排斥的状况，随后又用欣慰的口吻说道：“还好看到了那些来自中学和大学的业余剧团所展现出来的热情，他们几乎完全专注于用英语排演莎士比亚的作品……而且，在我看来，有明显迹象表明流行舞台是可以吸引大学智士的”——请注意那个措辞在伊丽莎白时代所引起的共鸣——“无论是演员还是剧作家都从莎士比亚经典剧作的原作中汲取了灵感，而且他们不畏世俗偏见，对本土戏剧进行了改编和再创造。”[13]

换句话说，西森当时依然在遵循托马斯·巴宾顿·麦考利(Thomas Babington Macaulay)1835年在著名的备忘录中所阐述的关于印度教育的那套方案。麦考利写道：“我们的语言之于印度人民正如同在莫尔(More)和阿斯卡姆(Ascham)那个年代拉丁文之于我们的国民一样。”而那时莎士比亚正被当作帝国梦的典范。有一项关于莎士比亚对印度文学影响力的研究，开篇就作了如下论断，看起来可以避免不少争论：

> ……无可否认，莎士比亚是伴随着英国对印度的政治吞并而入侵到这个国家的。他的流行最初主要也是出于英国在这个国家的政治霸权。但后来莎士比亚还能够继续在印度人民心目中占据一席之地，这就与政治无关了，而完全是依靠作品内在的价值取胜的。他的作品中包含了太多古代的经典学问，印度的有识之士很快就认识到了这一点。[14]

每当我想起自己童年时期一位颇具影响力的莎学评论家乔治·威尔逊·奈特(G. Wilson Knight)的那些言辞，就不免窘迫得坐立不安。他把自己视为新伊丽莎白时代的人物，并将《亨利八世》(*Henry* Ⅷ)中克兰麦(Cranmer)的谢幕演说——那番软弱无力的宣传——誉为所谓新世界秩序的预言，大英帝国将成为和平世界的典范。[15]如果帝国主义者为莎士比亚建立的人设是错误的，那么像威尔逊·奈特这样的评论家难辞其咎。

然而从那时起我就注意到，我教科书脚注里所引用的很多条目都是出自德国的编辑之手；而且在那些必读的评论家文献中，最精彩的要数沃尔夫冈·克莱门(Wolfgang Clemen)的评论了。他对莎士比亚使用的意象进行了分析，那些分析是如此精彩，以至于我依然记忆犹新；而威尔逊·奈特讲的那些话无论再怎么积极，早就被我忘得一干二净了。[16]由于德国人不可能帮助英国进行政治宣传，因此他们对莎士比亚的景仰看来就完全是真诚无私的了。此外还有两个国家也坚决推崇莎士比亚，那就是日本和俄罗斯。可能有人会辩解称德国人的推崇是虚假的，认为这只不过是日耳曼民族内部之间友情互惠的体现罢了：如果德国人将莎士比亚视为名誉上的条顿人，那么反之，英格兰人也会视德国人为萨克森同胞。可实际上，莎士比亚在德国人心目中的地位已远远超越了两个民族间的兄弟情谊。而且，尽管我对这个问题的研究尚未成熟，但就我所掌握的事实来看，莎士比亚能够在大英帝国以外的其他地方受到普遍欢迎，与大英帝国的扩张没有丝毫联系。

在英帝国主义遭遇停摆、危机或是日渐衰退的那段时期，莎士比亚主要是通过法语[17]改编本(有时候也用德语[18])被引介到欧洲和南美洲大部分国家的。对于大多数国家来说，戏剧表演兴起之时适逢美国独立战争或者战争刚刚结束，当时大英帝国的国运正处在低潮期。如果说当时还存在一点有利于文化发展的环境，那就是人们常说的浪漫主义的兴起吧。莎士比亚被归为人民的诗人之列，他的创作突破了古典主义框架的约束，体现了启蒙运动后期所倡导的发现民众的智慧，并且很好地诠释了**“人民在创造”**①这一口号。不过，我对此表示怀疑。因为18世纪，有人用这些话来批评莎士比亚；而在19世纪，又有人用这些话来称赞莎士比亚。但是赫德(Herder)却完美地表达了(即便不是他原创)这种浪漫情怀，他认为今后人们对莎士比亚的仰慕会被其他情感所替代，人们仰慕他不再是因为他代表了普通大众的心声，而是因为他是一位具有广阔视野的哲学家，他的作品超越了前人，因为这些作品就是在前人树立的传统基础上创作出来的。[19]

莎士比亚的作品在法国、西班牙、意大利和南美洲首演之前都经过了改编，目的是使之符合当地的传统礼节。特别是在西班牙，从18世纪70年代戏剧表演诞生之日起到19世纪30年代以前，舞台上唯一一部循环上演的戏剧就是《奥赛罗》。[20]这部剧是莎士比亚所有作品当中最能体现戏剧三一律的了，我想这也就是为什么《奥赛罗》能够成为普拉斯(La Place)和图纳尔(Le Tourneur)[21]开始翻译莎士比亚全集时所选的第一部戏剧，同时成为在葡萄牙上演的第一部莎士比亚作品了。莱辛(Lessing)是第一批推崇莎士比亚的德国伟大作家

① 原文为德语 *Das Völk dichtet*。——译者注

之一。他推许莎士比亚并不是因为后者是一位名义上的浪漫主义作家，而是因为他以突破规则的方式很好地践行了古典传统。[22]

Ⅱ

如此看来，莎士比亚似乎与英式足球有点类似，它们都是英国文化当中由于（或至少由于）受到大众某种程度的喜爱而得到普及的元素。但这两个例子还不足以脱离帝国的干系。帝国就在那里，它作为英国影响力传播过程中一个重要、核心而又本质的因素，总是会受到我们的关注。因此，解释英国影响力的问题在很大程度上就成了解释大英帝国的问题，我将在下面的篇幅中进行深入探讨。

对于这一课题，现有的研究之所以尚不尽如人意，其中一个原因就在于问题的提法本身存在瑕疵——**这是一个表述不当的问题**①。我们都注意到，大英帝国让人难以捉摸，因为它被冠以太多诸如“史无前例”“无可匹敌”之类夸张的头衔：它曾占领过全球 1/4 的领土，统治过全世界 1/4 的人口，培养了世界上 1/4 的天才——这种方法用一串数字描述了一些原本就无法量化的东西。[23]为便于讨论，我们不妨先确立一些可以将大英帝国与其他国家进行比较的衡量标准。希望你

① 原文为法语 *question mal posée*。——译者注

不要认为我是在作片面辩护，或许你认为，论差别，西班牙帝国显然更加显赫，因为它是世界上唯一一个不依靠工业技术就称霸海陆的大帝国。它昔日的领土范围囊括了适宜人类居住的全部环境类型——实际上，它一举吞并了最具环境多样性的印加帝国。而英国借以成为帝国的那些技术（如经线测定法、抗坏血病物质、疟疾治疗法、步枪、蒸汽机车，还有过去人们在皮卡迪利大街或者牛津图尔街经常可以买到的那种在热带地区使用的套装）刚刚投入使用时，西班牙帝国早已度过了鼎盛时期，甚至开始走向衰落。

论寿命，大英帝国不过是个孱弱之辈，完全敌不过近代兴起的那些强大的陆地帝国，如西伯利亚的俄罗斯帝国以及美利坚帝国（就寻求大陆扩张的野心而言，我可以这样讲吧）。用19世纪欧洲海洋帝国的标准来看，大英帝国虽然疆域辽阔，人口众多，但它在地位上基本是与法兰西帝国持平的，只不过比法兰西多了一块位于北极圈的领地，而这块土地在当时看来简直无足轻重。至于西利（Seeley）为了讨好大英帝国，曾把它拿来与瑞典和荷兰进行比较，这种比较就完全不具代表性了。[24]如果我们不去关注那种显著差异，而是着眼于诸多局部的细小差别以及随时间推移而形成的差异的话，我们就能更好地了解大英帝国同其他国家的差别到底在哪里，又有哪些独特之处了。因此，我们不主张寻求一个宏观的解释，而是希望通过一个个历史事件，逐一分析大英帝国的缔造者所具备的优于某些特定对手的特质，进而层层深入地给出问题的答案，最后再将这些观点拼合起来。我们相信，这才是一条更有前途的探索路径。

一些重大的结果可能由许多微小的原因所导致，而且它们可以在极短的时间内就发挥作用。当思考罗马帝国为何会衰落时，我们认为就没有必要像吉本(Gibbon)那样再追溯到安东尼(Antonines)时期，因为当时的罗马帝国还相当强盛；相反，我们只会着眼于5世纪当时的状况。近年来，学者们在分析宗教改革、英国内战、法国大革命、工业革命、第一次世界大战以及其他众多历史事件的起因时，往往将它们从历史的发展链条上分割出来，以至于扭曲了事件的本来目的，这也不符合从长远角度解释问题的思路。由于大英帝国是19世纪的产物，如果能从相关的历史时期中寻求解释，想必会有所助益。比如，1815—1845年的“机遇期”，当时英国正处在对外扩张的关键时期，几乎无可匹敌。[25]当然，再往前追溯到16世纪或15世纪晚期也不无道理，未尝不可，但这样会造成误导。因为对于16世纪的英格兰来说，需要解释的并不是它有什么帝国企图，而是为什么它没有。与它的对手相比，那时的英格兰在海洋领域既没有太大野心，也没有太多成就。有些观点则认为，应当将18世纪的历史也考虑进去，当时的英格兰已经度过了“学徒期”，不列颠开始崛起，并取而代之一跃成为世界大国，但这种说法在我看来似乎与一些基本的事实相矛盾。18世纪末，英国被逐出伊甸乐土，正如一些消息灵通的观察家预料的那样，它正面临着战败、侵略甚至革命的考验。当时的英国已经开始在印度获得帝国统治权了，但在印度人看来，英国人无异于掠夺成性的西班牙征服者，他们正在对这片从各方面来看都比自己国家更富饶、更有吸引力的土地进行野蛮剥削。[26]

对于适合在小范围内一点一点去解读的现象，我不主张用宏观的视角来解释。有些人会不由自主地对大英帝国给出笼统的解释，这本身就比较有趣。大家只要稍微思考一下就会发现，这些解读要么从种族、环境、经济或文化的角度出发，要么采用历史主义、辉格主义、马克思主义或韦伯主义视角，每种解读不是给出了一套严密的单一因果决定论，就是从多重因素出发去归因。而我希望能带你换一种新的方式去思考，那就是把所有的解释都看作观点的一个函数。这样做并不一定是坏事，因为任何一个单一的观点都只能很好地反映事物的某个方面。看历史就如同窥视正在树叶掩映下沐浴的缪斯女神，你越是变换观察视角，看到的东西就越多。因此，我尝试使用多视角融合的方法，包括发挥想象。在大英帝国的历史编纂学中，提供的解释越是接近旁观者的视角就越令人信服。

比如，那些站在英格兰视角看问题的人势必会去寻求一种基于英格兰例外论的解释。这样得出的结论必然具有误导性，因为大英帝国属于全体不列颠人，而不单单属于英格兰人，而且大英帝国也只是更为普遍现象中的一部分。不过说句简单的玩笑话，人们很容易认为，在英格兰的确存在帝国缔造者这种特殊的职业。你或许还记得桑塔亚那(Santayana)提到过的一则笑话，他说的是：一个英格兰人是呆子；两个英格兰人是场体育盛事；三个英格兰人就是帝国了。但桑塔亚那不同意这种说法，他认为只要一个英格兰人就可以征服一个帝国了。[27]在全世界人民看来，英格兰人的确是一个可怕的民族，他们实在不吝于引导世人，他们轻松地创建了帝国，又将它随意舍弃。从某种意义上讲，他们在12世纪建立了大陆王朝帝国，却在13世纪宣告终结；14世纪征服了另一个帝国，15世纪又将它失去；17世纪又搞定了第三个，18世纪再度失守；19世纪，在苏格兰人、爱尔兰人和威尔士人的帮助下又建立了一个帝国，在20世纪又把它给丢了。上帝知道他们下一步还会做些什么。最近的一些外国投资数据显示，世界可能迎来新一轮英格兰帝国主义的统治，这次是在商业领域。但英格兰人对帝国的贡献应该用英格兰的某些特质去解释，否则就犯了种族主义错误(因为这样的解释并无科学依据)，或者带有英格兰例外论的色彩，就像辉格史观认为大英帝国是英格兰自由传统的产物那样。我认为这样的解释不大合逻辑。华兹华斯(Wordsworth)将不列颠历史视为“自由的洪流”。[28]其他被洪流吞噬的民族没有主动求生也情有可原。由于我大部分时间生活在美国，关于例外主义的危害我想就不必多说了。

关于英格兰的视角就说这些。另外，我们还可以从不列颠的视角来看待这一问题，这样就可以避免种族主义倾向，除非有人认为世界上还存在不列颠人种。尽管有些历史学家认为，其他不列颠民族的历史只是英格兰民族史的一个延伸，但这也使得从英格兰视角出发的那种解释看起来不那么令人信服，因为它犯了环境解释论的错误。我最近在读一本为1924年大英帝国博览会而印刷的小册子，这本册子的目的是想澄清读者对处于鼎盛时期的大英帝国的一些看法。由查尔斯·卢卡斯（Charles Lucas）爵士撰写的那本《帝国的故事》（*The Story of the Empire*）几乎可以算是这次博览会的官方手册了，作者将大不列颠描述成“一座均衡发展的岛屿，这里将是那些明智之人的家园……最重要的是，我的祖国备受海洋的青睐……比其他国家拥有数量更多的港湾”。[29]这个解释存在两个方面的漏洞：其一，如果不列颠的地理环境如此优越，为什么大英帝国这么晚才建立，而且如此短命？其二，与其他几十个甚至上百个帝国或者存在帝国潜质的国家相比，不列颠的均衡发展又体现在哪里？

这些疑问以及诸如此类的其他问题让那些怀揣浪漫、漂洋过海来参加1924年博览会的与会者们大惑不解。其中最露锋芒的一个观点这样写道，“奇怪之处并不在于”：

> ……为什么英格兰人早该“驾船出海”，早该用英国大船的龙骨犁开世界海疆，而他们却没有。奇怪的是，我们的国人本该再晚一点追随他们的脚步去探索未知水域，本该让其他国家的水手率先在航

海图上标注那些新发现的土地(几乎可以称之为新世界)，可实际上他们自己却按捺不住渴望，抢先发现了新世界。[30]

不管怎么说，卢卡斯爵士的描述并不准确：与世界上其他拥有狭长海岸线的国家相比，不列颠在港湾的数量上并没有什么优势。即便有优势，那也是无足轻重的，因为港湾数量对帝国航海事业的影响相当小。实际上，与大西洋沿岸其他大多数西欧国家(除丹麦和瑞典外)相比，大不列颠和爱尔兰的确存在一个比较大的海洋优势，那就是它们在迎风坡一侧的港口数量相对较多。我曾在一本关于欧洲中世纪战争的书中撰文指出：这一点对于中世纪的海军史来说意义重大。[31]而在近代帝国历史上，这一优势和几乎不起什么作用，因为后来的重要港口(如布里斯托尔港和利物浦港)都位于背风坡。

有些历史学家会把视角略微放宽一些，将大英帝国视为北欧现象的一部分，他们倾向于参照韦伯命题的经典模式进行解读：将它与新教和资本主义联系起来。但无论是帝国主义还是资本主义，都没有表现出什么特别的新教特征。作为天主教徒，我倒希望它们有这样的特征，但我并不觉得自己比其他基督教同胞存在更强烈的道德优越感。从更宏大的视角来看，大英帝国就属于欧洲的一部分，甚至经常有人笼而统之地把它看作是一种基于韦伯模型的社会文化现象，并且在很大程度上受到了马克思的影响。或者有人将不列颠奇迹视为欧洲奇迹的一部分，不列颠之所以具有帝国优势，是因为在它身上率先体现了欧洲的某些独特品质，比如它最早建立了极具竞争力的国家体制和资本主义制度，实现了工业化或者取得了什么其他成就。然而，当我们对欧洲奇迹了解得越多，就越觉得这不是什么奇迹，而且利用欧洲奇迹来解读英国历史，所产生的问题比它能回答的问题还要多。

不管怎样，无论用北欧视角还是欧洲视角来解释大英帝国的历史都不合适。本书一开始就明确了大英帝国所处的历史背景，并提出了应当采取什么样的方式去解读，那就是要把它作为欧洲大西洋沿岸的帝国来对待。如果你愿意跟随我旁观一下这段历史，那么最好的切入点就是 1936 年 5 月 9 日的罗马了。那是一个星期六的晚上 8 点，墨索里尼(Mussolini)站在威尼斯广场的露台下，面对人群高声宣布新罗马帝国成立，引来一片欢呼声，人群向国王维托里奥·伊曼纽尔(King Vittorio Emmanuele)高呼“**皇帝！皇帝**①！”[32]然而，这个现代的意大利帝国却无足轻重：它气若游丝地控制着阿比西尼亚，外加在非洲之角、佐泽卡尼索斯群岛和利比亚海岸周围保留着的几个老旧的海岸哨所。可值得注意的是，这个帝国本就该存在的，因为从意大利本土到这里的交通完全由地中海和苏伊士运河来承担。实际上，它是近代欧洲唯一一个

① 原文为意大利语 *Imperatore*。——译者注

不依赖大西洋航运交通的海上帝国。除此之外，可能只有俄罗斯帝国是个例外了。俄罗斯帝国在1867年以前勉强称得上是一个太平洋的海上帝国，它还曾对南极洲抱有非分之想。

此外，在大西洋沿岸的其他国家中再也找不出这样的帝国了，除非你把库尔兰公国也算在内。了不起的雅各布(Jacob)公爵在17世纪中叶买下了多巴哥岛，并在冈比亚修建了要塞，目的是效仿西边的邻国，建立一个库尔兰糖业帝国。但这个宏图伟愿随着1658年瑞典的入侵以及不久之后公爵的离世而宣告失败。[33]更值得一提的是，在近代，不但欧洲其他国家没有建立过海事帝国，任何一个大西洋沿岸的国家也都没有，几乎无一例外。或许冰岛、爱尔兰和挪威除外；但这些国家在20世纪之前的关键时期都没有获得国家身份，因此几乎没有时间进行帝国扩张。不管怎么说，爱尔兰人毕竟与大英帝国利害攸关，他们既是参与者也是受害者。好笑的是，我去挪威时，竟然看到有挪威人带着幸灾乐祸的心态谈论自己国家那段罪恶的帝国历史(一些挪威水手曾与瑞典水手和丹麦水手一道参与过贩奴贸易)，他们很乐于拿这段历史自嘲。

Ⅲ

如果说英国有什么帝国特质的话，那就是特殊的(也是唯一的)地理位置——位于欧洲大西洋沿岸。濒临大西洋是成就这类帝国的唯一一个先决条件，因为大西洋特有的风系为通向世界搭建了海上的高速通道。以往的解释大多将海洋因素与历史因素本末倒置：虚夸成分偏多而冷静不足。当然，仅凭濒临大西洋这一个条件并不足以成就帝国，因为它无法解释不列颠海上帝国的扩张以及大西洋沿岸其他欧洲国家建立的时机问题；[34]但这一因素依然至关重要。大英帝国虽然与其他处于同样背景下的国家之间存在差异（比如有些观点认为大英帝国范围更大，或者说遍布各个角落），但这不属于普遍差异，因此不能给出笼统的解释，只能具体问题具体分析。

第二篇　帝国、欧洲与英国海军力量

斯蒂芬·康韦

让我们先来看两个有关海军和帝国的小故事，它们也许是比较有代表性的事件。1762 年 9 月 23 日，8 艘战列舰和 2 艘东印度公司的商船在海军少将塞缪尔·科尼什(Samuel Cornish)的指挥下停靠在了菲律宾的马尼拉湾(当时的菲律宾还在西班牙的掌控之下)。船上搭载的是英国的正规军和东印度公司的军队，他们的突然到来让总督有些措手不及。慌乱中，他接到科尼什及其战友威廉·德雷珀(William Draper)上校的紧急通知：他们这次来收复马尼拉“是想让西班牙人明白，他们虽然统治着这块最遥远的土地，但也抵挡不住我们国王的兵力和权力，请不要做出令我方不悦的出格举动”。[1]科尼什先是命令部队登陆，然后从船上增援了一些水手和海军陆战队的士兵。经过短暂的围攻，于 10 月 6 日顺利攻占了这座城市。[2]

再让我们把视线转到 70 年后的南大西洋。1832 年 11 月底，指挥官约翰·詹姆斯·翁斯洛（John James Onslow）接到命令，指挥“史诗女神”号(*Clio*)护卫舰从里约热内卢起航前往福克兰群岛①，目的是驱逐该岛上的全部外国驻军，并宣称英国对该岛拥有主权，必要时可动用武力。[3] 3 周之后，翁斯洛抵达了位于埃格蒙特港的废弃定居点，在那里等待事先约定好的英军舰艇“泰恩”号(*Tyne*)前来支援。但在“泰恩”号抵达之前，翁斯洛决定先前往伯克利湾。1833 年 1 月 2 日，他在那里发现了一艘双桅纵帆船和一支小型守卫部队，他们是接到布宜诺斯艾利斯政府的委派，前来对群岛行使主权的，他们刚刚从西班牙那里继承了对这些岛屿的控制权。翁斯洛命令阿根廷指挥官赶紧撤离，因为他侵占了本该“属于大不列颠的土地”。阿根廷方面起初并不打算撤离，于是第二天一早，翁斯洛命令“史诗女神”号上的海军陆战队登陆，并升起英国国旗。在这之后不久，阿根廷未做抵抗，就直接命令部队和船只撤离了。[4]

这两则小故事刚好发生在本书所设定的时间范围②的一首和一尾，似乎可以说明以下相互关联的两点：其一，海军舰艇的“帆布之翼”说明英国有实力向大洋彼岸的对手发出警告或产生威慑力；[5]其二，皇家海军是帝国进行防御和扩张的重要工具。虽然还有很多其他例子也可以证明以上两点，但我想说的是，就在指挥官翁斯洛成功宣布英国对福克兰群岛拥有主权之后不久，第一海军大臣詹姆斯·格雷厄姆(James Graham)爵士也特别强调了英国皇家海军在维护帝国扩张的

① 即马尔维纳斯群岛。——译者注

② 指 1763—1840 年前后。——译者注

过程中所扮演的重要角色，[6]以此来回击约瑟夫·休姆(Joseph Hume)针对海军高额预算所发表的激烈言论。果然，海军的全球影响力及其帝国目的在后来继续得到了重申。前不久，当代权威人士简·格力特(Jan Glete)在提到18世纪的历史时还写道："之所以要设立海军、发动战争，目的就是要确保从殖民地和长途贸易中最大限度地获得哪怕只有一丁点儿的财富。"[7]

在此质疑皇家海军已经得到普遍认可的角色及其重要地位似乎多有不妥，特别是在这本名为《帝国、大海与全球史：1763—1840年前后不列颠的海洋世界》的书中提出来。然而，我们还能讲出一个完全不一样的故事。毕竟帝国在1763—1833年的扩张(至少从英国控制的人口数量来看)主要发生在印度。1765年，莫卧儿皇帝让渡了**迪万尼**①，使东印度公司从最初的一家贸易和金融公司转变成为一家开始涉足领土主权的机构；韦尔斯利(Wellesley)勋爵在1798—1805年打下的几场胜仗更是彻底改变了英国的政治版图。这次扩张几乎没有直接借助皇家海军的力量，而主要在于成功地调动了当地军队的人力资源：截至1815年，东印度公司约86%的兵力是由本地军队构成的，人数将近25万。[8]我们或许还注意到，在这一时期，英国海军并非屡战屡胜，而帝国也并非一直在扩张。1775—1783年美国独立战争期间，英国海军曾惨遭失

① 原文为印度语*diwani*，意为收税权。——译者注

败，英国损失了北美大陆的15个殖民地（包括构成新的美利坚合众国的13个殖民地，外加东、西佛罗里达），还损失了加勒比地区的多巴哥、西非的塞内加尔以及地中海的梅诺卡岛。

但我之所以要质疑这种把海军力量同帝国的扩张和防御联系在一起的做法，还有一个更重要的原因。我希望证明，海军在欧洲事务上所投入的精力至少与在帝国事务上投入的精力不相上下。在将英国的影响力投射到欧洲大陆方面，海军是发挥了重要作用的，它也是保卫国家领土安全的重要角色。虽然海军与帝国之间的确存在重要的联系，但这种联系远比我们通常想象的更复杂。1833年，詹姆斯·格雷厄姆爵士在为庞大的海军预算辩护时，不得不强调海军对实现帝国目的的重要性，以获得议员们的支持，这些议员一方面对缩减开支的倡议表示同情，另一方面又习惯于将帝国视为一件好事。然而这并不意味着海军与帝国之间的关系就像格雷厄姆说的那么直接。如同在七年战争结束前的100年里那样，1763—1833年，在海军服务于帝国的同时，帝国也给予了海军同样有力的支持。

本书的第一部分将试图阐述皇家海军在应对欧洲事务方面的一些职能；第二部分我们希望强调海军与帝国关系中那些容易被忽略或尚未引起足够重视的方面。为了构建我的论点，我将援引一些权威海军史学家的著作，特别是丹尼尔·鲍（Daniel Baugh）、迈克尔·达菲（Michael Duffy）以及尼古拉斯·罗杰(Nicholas Rodger)的研究成果[9]，他们在这一问题上的知识要比我更渊博。但我也希望能在详尽阐述他们观点的基础上(可能用他们不太赞同的方式)，增加一些我个人的见解。

I

我想说明的是，英国海军在这一时期的主要职能是服务于欧洲事务。为了证明这一点，或许有必要一开始就指出，在此期间，皇家海军只有一次例外派它的主力舰队在欧洲以外的水域参加了一场重大战役，那就是1782年罗德尼(Rodney)在加勒比地区打了胜仗的桑特海峡战役。不难看出，海军能够获胜绝非偶然，他们制胜的法宝就在于战时调度有序。1757年，在七年战争的早期阶段，竟有83%的军舰是留守在国内或是被部署在地中海的。[10]美国独立战争期间，英国海军可谓采用了18世纪最为分散的作战策略，可1778年依然有46%的海军舰船停靠在欧洲水域，而当时冲突已经扩大，法国也被卷入了战争。1782年4月，桑特海峡战役爆发当月，英国海军为了维护帝国利益，唯一一次动用了比在欧洲战场作战时还要多的兵力。1804年，在与法国拿破仑交战得如火如荼时，皇家海军调用了将近3/4(72%)的军舰前往欧洲水域参战。[11]1812年1月，海军仍然有75%的舰艇留守国内或是停靠在欧洲大陆的附近海域。[12]

除了打击敌军舰艇，皇家海军在欧洲还需要做些什么呢？其中经常容易被忽略的一点就是在和平年代支持并维护英国的外交关系。正如杰拉尔德·格雷厄姆（Gerald Graham）在许多年前所写的那样，海军“最不引人注目”的时候很可能就是其影响力最大的时候。它是“采取外交行动和强制手段的有力工具”。[13]海军稍作恐吓或将战舰部署调集到是非之地就足以威慑到敌人或潜在敌人，使他们放弃采取进一步行动的打算。七年战争之后，英国政府曾多次成功利用海军的威慑力迫使西班牙和法国从欧洲以外的一系列争端中撤出：比如1764—1765年，由洪都拉斯海岸、加勒比地区特克斯岛以及西非冈比亚河而引发的争端；[14]1770—1771年的福克兰群岛争端[15]以及1790年的温哥华岛努特卡湾①争端。[16]

但“炮舰外交”并不仅限于在帝国范围内使用，它还被用于将英国的权力投射到本土附近，比如欧洲大陆。1772年4月，海军接到动员前去说服丹麦政府释放英国国王乔治三世（George Ⅲ）的妹妹卡罗琳·马蒂尔德（Caroline Mathilda）王后。在她的情人、丹麦事实上的统治者约翰·施特林泽（Johann Struensee）1月被推翻后，她也遭到了扣留。尽管丹麦的海军舰队不容小觑，但他们还是决定遵从英国的意思，同意将卡罗琳·马蒂尔德流放到汉诺威。[17]一年以后，英国海军再次发力。当时，瑞典正受到来自俄国的威胁，盟友法国希

① 原文为Nookta Sound，疑似原文有误，查无此地。应为Nootka Sound，即努特卡湾。——译者注

望对瑞典国王古斯塔夫三世（Gustav Ⅲ）提供援助，但英国海军出面劝说法国不要出兵。法国意识到，如果直接向波罗的海派兵，势必会导致英国采取行动对抗，于是他们决定对集结在地中海的俄军间接施压，令其从瑞俄战争中撤军。然而，法国在土伦部署舰队的行为惊动了英国政府，当时英国政府正努力与巴黎和解，此事一出，英国又恢复了从前的立场，转去忙于自己的战事纷争了。英国还为此出动了海军，事态进一步升级。法国只好命令集结在土伦的军舰解除戒备状态，公开的敌对态势这才得以化解，因为看起来法国仍然担心与皇家海军发生冲突。[18] 1787 年，荷兰共和国的亲法派“爱国者”推翻了亲英的奥兰治政权，普鲁士军队恢复了**荷兰省督**①的职位（荷兰省督的妻子正是普鲁士国王的妹妹），英国皇家海军再次出面，法国才没有干涉此事。

在战争年代，英国通过几次沿海突袭将海军的力量投射到欧洲大陆。在七年战争的最初阶段，就在 1758 年夏天英国一支军队被派往威斯特伐利亚前夕，那些不愿把英国兵力投入到德国的政客声称，对法国沿海实施的几次打击已经是在帮助英国盟军缓解压力了。从政治角度来看，这几次沿海突袭几乎可以算是英国特意为对抗法国而做出的努力了，海军贡献最大，陆军其次。其中，1757 年袭击罗什福尔港 1 次；1758 年袭击圣马洛 2 次，瑟堡 1 次。1761 年，英军夺取了布

① 原文为荷兰语 *stadhouder*——译者注。

列塔尼南面的贝勒岛，从某种意义上来说，这一战也可以算是英军再一次帮助德国去牵制法国兵力了。但实际上，这次突袭与前面的几次性质不同，因为突袭结束后，英军一直驻留在岛上，直至战争结束，其主要目的就是要以此为筹码，令法国归还在1756年占领的梅诺卡岛。

在法国大革命和拿破仑战争期间，两栖突袭的作战方案再次上演。时任战时内政大臣亨利·邓达斯(Henry Dundas)又一次运用了七年战争期间所使用的牵制袭击战术。他在1800年3月提出：在“我海军的有力保障”下，应当先夺取贝勒岛和瓦尔赫伦岛，这样就能在这两处基地牵制住大量的法国兵力，使他们不得不“时刻警惕”法国大西洋沿岸和低地国家沿海地区事态的发展。[19]然而实际上，当时大多数突袭是针对敌人(或潜在敌人)的港口而发动的。1798年的袭击目标是奥斯坦德，1800年袭击西班牙北部的费罗尔，1804年袭击布洛涅，1807年袭击哥本哈根，1809年袭击瓦尔赫伦岛，目的是到达法拉盛及安特卫普。尽管英军为破坏敌军和敌军控制的海岸花费了大量的精力来发动“袭击”，但打击的力度几乎总是有限的。时任第一海军大臣的夫人安森(Anson)女士对1758年的一次沿海突袭行动嗤之以鼻，她写道，很难“让人相信，从这个星期一登陆到下个星期全部登船撤离，这期间连一个法国兵的人影都没见到，这就是在牵制法国兵力了。”[20]对这种袭击的作用历史学家们也普遍表示怀疑。[21]沿海突袭更像是在巨兽的厚皮上留下许多小的伤口，虽然恼人，但显然不会致命。

海军向欧洲大陆投射英国权力还有一种更为有效的方式，那就是在欧洲的主要陆地战中，帮助为英国军队及其盟军运输人员并提供物资补给。1762 年，就在海军上将科尼什为进攻马尼拉而准备着自己的小型舰队的同时，一支更大规模的海军舰队也接到部署，一部分军舰负责护送补给船队前往德国，为参与反法作战的部队提供物资与人员补给，其余部分负责将英国军团送往葡萄牙，并提供相应的物资补给，以备与西班牙开战。[22]在美国独立战争期间，虽然欧洲大陆没有爆发大规模的战争，但驻扎在直布罗陀和梅诺卡岛的英国守卫部队依然得到了海军护卫舰队从本土送来的物资补给，并且得到了他们的保护。尽管梅诺卡岛于 1782 年 2 月不幸失手，直布罗陀也因西班牙的参战而于 1779 年 6 月被围困，但英军奋力抵抗，一直坚持到战斗结束。1779 年 8 月，早已遭遇粮食短缺的英国军队幸亏得到海军的三次补给才得以继续战斗，率领完成这三次补给任务的海军上将分别是 1780 年 1 月的罗德尼，1781 年 4 月的达比（Darby）以及 1782 年 10 月的豪（Howe）勋爵。[23]法国大革命和拿破仑战争爆发后，英国投入了比参加七年战争时还要强大的兵力。1799 年，英俄联军在低地国家部署了重要兵力，希望利用当地人民的反法情绪开辟新战线，打击他们共同的敌人。皇家海军不仅在这年 8 月成功地将英国军队运抵登海尔德附近，还为陆军提供了火力掩护，协助他们击退了企图争夺英国桥头堡的法国敌人。尽管英俄联军未能取得重大进展，被迫于 10 月登船，但英国军舰当时已经进入须得海，并且俘虏了全部荷兰舰队。[24]

1808 年 8 月，皇家海军再次证明了自己的海上优势。海军少将詹姆斯·索马里兹（James Saumarez）爵士轻描淡写地说，当时有 1 万多名西班牙士兵被他们的法国君主派驻到丹麦，皇家海军帮助这些心存不满的西班牙士兵从丹麦“成功撤离”，并把他们送回了西班牙，加入到反对拿破仑长兄约瑟夫（Joseph）的起义中来。[25]紧接着，威灵顿（Wellington）指挥英军投入到了英国近 100 年来在欧洲大陆战场上范围最广、最旷日持久的一次战斗——伊比利亚半岛战争中，也得到了英国海军的莫大支持。威灵顿作战期间的补给完全依赖海上运输，补给物资大多在海军的护航下运抵里斯本，然后再送达英军手中。海军还向地中海和大西洋沿岸运送了大量的武器弹药，以保证在那里作战的西班牙游击队的需要，这些游击队员在牵制和挫败数千名法国士兵方面发挥了重要作用。[26]

海军通过实施封锁将敌方舰队限制在他们的港口，这样更有利于为参加陆地战的陆军及其盟友提供支持，因此把敌舰限制在港口也是海军履行欧洲职能的重要组成部分。布列塔尼的布雷斯特是法国在大西洋最重要的海军基地，该基地在 1759 年夏秋就遭到过英军的近距离封锁。在不久之后的 11 月 20 日和 21 日两天里，法国舰队又在基伯龙湾被英国海军上将霍克（Hawke）打得落花流水。在法国大革命和拿破仑战争期间，布雷斯特再次遭到数月封锁，导致舰队无法离港。[27]比如，1804 年 9 月，就有 16 艘英国战列舰守在布雷斯特，7 艘守在罗什福尔港，另有 7 艘守在费罗尔。[28]然而实施近距离封锁并非易事，因为风暴极易将船只驱散或是倾覆；而且，为船上人员提供粮食补给这样的后勤保障任务也是相当艰巨的。但即便如此，皇家海军在几次关键时刻还是成功地完成了任务。不过在大多数情况下，海军主要还是实施松散封锁，即在主力舰执行远洋任务或是回国整修、获取食物补给并等候海员休息时，仅保留少量护卫舰对敌军港口的入口进行监视。

1740—1748 年奥地利王位战期间，皇家海军组建了一支西部舰队，为实施远程封锁提供了可能。英国希望在接下来的每一次冲突中都使用西部舰队策略，包括与拿破仑作战，直至战争结束，只有在美国独立战争期间有几次例外。甚至在 1815 年之后，英国还在修建海军设施和粮食储备库，以备日后战争再次爆发时，西部舰队可以继续发挥作用。[29]就拿驻扎在土伦的法国地中海舰队来说，尽管他们不在西部舰队的可及范围内，但英军依然可以借助邻近的岛屿基地对其实施松散封锁或者为封锁行动提供支援。因此英国至少在一定程度上对夺取梅诺卡岛一直抱有极大的兴趣：该岛 1708 年初次被英军占领，1756 年失手于法国，1763 年被归还给英国，1782 年又被西班牙攻占，1798—1802 年终于又回到了英国手中。[30]法国大革命伊始，土伦迅速沦陷。正当英国及其盟军不得不撤离时，他们突然想到可以把科西嘉岛当作悄悄靠近法国港口的跳板。1794 年英军攻下了卡尔维和巴斯蒂亚，并一直控制着该岛直到 1796 年。[31]

松散封锁通过防止敌船进入航道、确保执行封锁任务的英国船只能够灵活地履行其他职责，间接保护了英国的海外贸易并干扰了敌国的商贸活动。当然，商业保护和商路破袭绝不仅限于欧洲水域，但我们也不应当认为帝国贸易的增长就意味着海军履行职责的范围主要是在远洋地区。满载着殖民地产品返航的法国商船与西班牙商船在即将抵达欧洲大陆时经常会遭遇袭击；而从北美、加勒比海或亚洲返航的英国船队在英吉利海峡和大西洋沿岸港口也极易受到法国和西班牙私掠船的突袭，突袭者经常埋伏在从圣马洛到圣塞瓦斯蒂安这一海域内。[32]我们更不应当忘记，尽管殖民地贸易在 1750—1775 年经历了显著增长，[33]但欧洲大陆依然是英国的重要商业伙伴。

值得注意的是，1775 年当 13 个殖民地发起反抗时，尽管大多数美洲市场陆续被关闭，但英国的出口贸易却未见明显下滑；直到 1778—1780 年，随着法国、西班牙和荷兰陆续参战，英国与欧洲大陆的贸易才开始出现大幅度下滑。[34]即便在法国大革命爆发前夕，欧洲大陆依然占据了英国出口及再出口贸易总额近半数的份额。[35]我们还应注意到，欧洲大陆也会根据英国经济体的要求（有时甚至专门为英国海军）组织生产一些重要的产品。英国一直对来自波罗的海的商品很感兴趣，希望能够得到源源不断的供给。这些物资包括来自瑞典的铁条、沥青和焦油，产自俄罗斯、波兰及普鲁士的木材和桅杆，俄罗斯出产的大麻，还有挪威生产的小型桅杆和软木木材等。[36]对英国来说，当务之急就是要确保这些重要物资能够服务于英国的海洋事务，而不至落入敌国之手。1806—1807 年，拿破仑先后颁布了《柏林敕令》和《米兰敕令》，企图通过封锁欧洲大陆的所有口岸来阻挠英国的海上运输。在他看来，切断英国同欧洲大陆的贸易就是对英国经济实施的最严厉打击。而英国则希望继续与欧洲大陆保持贸易往来，这就意味着海军必须突破拿破仑的贸易封锁，尤其要保证这一期间波罗的海的开放。于是，英国海军部署了重要兵力，[37]成功地突破了大陆封锁令的限制，确保能够在一些地区继续秘密地开展贸易，如 1806 年占领的位于亚得里亚海的维斯岛和 1807 年攻占的德国北部近海的黑尔戈兰岛等。

然而，英国海军的首要任务当然还是守卫家园。皇家海军的“海防舰队”就是要确保不列颠及爱尔兰免于受到欧洲敌国的入侵。在这期间发动的所有战争中，敌军的任何一次袭击都会令人恐慌，即便在 1815 年拿破仑战败后，英国的大臣们依然焦虑不安。比如 1824 年 7 月，第一海军大臣梅尔维尔(Melville)勋爵甚至担心蒸汽动力的出现会让法国的舰艇长驱直入迅速进入英国，“不再受风向和潮汐的限制”。[38]考虑到英格兰南部、爱尔兰南部和西部有可能遭到来自法国和西班牙的袭击，于是不管与这些昔日劲敌爆发怎样的冲突，英国总是要把海军兵力集结到本土水域。在 1779 年夏的一次战争中，英国为了执行海上疏散方案，唯一一次解散了集结在那里的兵力，结果失去了对英吉利海峡的控制。

英国对低地国家的保护在很大程度上也是出于保卫家园的考虑，因为一旦敌军攻占了比利时和荷兰港口，那么英格兰和苏格兰北海沿岸地区的安全也将受到威胁。由于需要守卫的海岸线极为漫长，海军极易陷入兵力严重不足的险境，而仅凭西部舰队去应付法国和西班牙部署在大西洋的海军基地显然远远不够。于是英国政府决定：在 1793 年至 1795 年间，必须确保低地国家的安全；1798 年，通过突袭奥斯坦德来阻挠法国为实施入侵计划而设立集合点的行动；1799 年，英俄联手对前荷兰共和国发动大规模战争；并计划利用 1809 年早已在瓦尔赫伦岛登陆的部队，袭击法国在安特卫普设立的造船厂。1813—1814 年，当欧洲国家一边战斗一边试图用谈判的方式达成和解时，英国的大臣们甚至在想，只要能说服拿破仑放弃安特卫普，他们宁愿归还从法国夺取的大部分殖民地。[39]

或许有人会认为，1815 年法国战败后，英国海军终于可以不用那么紧张地继续守卫在本土和爱尔兰漫长的海岸线上了。但没想到拿破仑战争结束后，海军在守卫国土安全方面所承担的任务反而更重了，因为英国政府签署了一项国际条约，同意将昔日奥属尼德兰、前荷兰共和国和列日市联合起来，共同组成尼德兰王国。这次重新划分世界版图的目的很明确，就是为了建立一个足够强大的国家，以阻止法国对低地国家港口的入侵。为了巩固新王国的地位，英国将那些刚刚在战争中占领的荷兰殖民地悉数归还。从这里我们也可以看出，海军守卫家园的职能是先于帝国扩张的。

Ⅱ

尽管我一直在强调皇家海军在欧洲大陆所承担的职能，但并不代表其他事务就不重要。考虑到最近人们对英国历史关注的焦点更多地集中在帝国的维度上，而对英国所参与的欧洲事务重视不足，为此，我更希望大家能够对二者给予同样的关注。[40]另外，我还希望重新构建海军与欧洲以外世界(尤其是大英帝国)的关系，这也是当时的决策者乃至更广大的不列颠政治民族的成员本该着手考虑的问题，但现在这一问题却往往被忽略或尚未引起足够的重视。下面我就来探讨这方面的内容。

不可否认的是，英国在欧洲部署的海军既可以满足欧洲以外其他国家和地区的利益，也可以实现服务欧洲的目的。英国一直致力于维护葡萄牙的独立地位，分别于 1762 年、1796 年、1808 年(自半岛战争爆发之日起)和 1826 年派出了海军军舰，为葡萄牙提供援助。英国之所以多次向葡萄牙伸出援手，除一部分原因在于葡萄牙是英国最早的盟友以及英国对葡萄牙波特酒消耗量巨大以外，[41]最主要的原因(至少从我们所探讨的这一时期的大部分时间来看）还在于葡萄牙为英国的制造业打开了通往巴西的大门，使得英国能够通过巴西进入南美洲的大部分市场。[42]在这笔交易中，英国获得了南美洲的贵金属，并且使自身的经济向更加良好的态势发展，从而弥补了英国在其他方面的贸易逆差。

或许更重要的是，尽管当初设立西部舰队的目的是为了对法国大西洋舰队实施封锁，保护英国的入境贸易，打击敌人的海上贸易，同时（也是最重要的一点）保护英国和爱尔兰不被入侵，但除此之外，西部舰队在较远海域爆发的几次军事行动中也同样起到了相当重要的作用。由于法国舰队被困在基地，商船又不断遭遇袭击，因此法国想要在欧洲外维护殖民地秩序、保护贸易基地并维持海军力量就变得举步维艰。这一危机初露端倪是在奥地利王位继承战即将接近尾声的时候，当时西部舰队已经成立了。到1747—1748年，法属加拿大同法国的联系已完全被切断，导致法国的礼品供应量减少，无法继续同美洲原住民开展毛皮贸易，结果被那些英国本土以南殖民地的商人抢得了商机。七年战争期间，西部舰队的优势越发显露出来。由于法国海军被困在港口不得出动，导致法国的海外贸易额大幅下降，各殖民地也轮番陷落。在法国大革命和拿破仑战争期间，同样的悲剧又再次上演。

如果你认为这只能说明即便皇家海军将主要精力都放在欧洲，但它最主要的职能还是帝国扩张和帝国贸易的话，那么我们还应当进一步思考，在国际冲突频发的年代，夺取敌人殖民地的意义在哪里。既然争夺来的殖民地在后来的和平谈判中大部分都物归原主了——比如，1762—1763 年，英国归还了从西班牙手里夺来的哈瓦那和马尼拉，七年战争结束后，英国归还了法属西印度群岛的马提尼克和瓜德罗普，在法国大革命及拿破仑战争结束后，英国还交还了一些原法国殖民地——我们不禁要问：英国当初为什么还要如此竭尽全力地争夺这些殖民地呢？对于这个问题，我们当然无法给出确切的答案。有些殖民地或许是用来作为和平谈判的筹码；有些曾经是敌国私掠船的基地，而英国为了保护本国商船不受侵犯，就必须攻占这些基地；还有几处殖民地，占领它们至少是为了谋取其内在的经济价值。但就法属加勒比地区的蔗糖岛而言，拿下它的最直接目的就是为了切断法国向欧洲输送战争机器的通道。据推测，如果没有来自西印度群岛的贸易收入和公共财政收入，法国政府将无法维持自己和盟军在欧洲大陆的部队开支。七年战争期间，就在英军向法属加勒比地区发动袭击的前夜，英国某杂志声称：夺取这些殖民地将“削减路易十五相当大一部分的军事资源供给”。[43]再如，在 1760 年的一本小册子中这样写道：保护德国最好的办法就是“去袭击法国的一些岛屿”。[44]随着英国攻占多巴哥岛，加上法国在西印度群岛的一些殖民地濒临沦陷，1793 年，乔治三世以同样乐观的态度表示，巴黎的革命政权将“无力再侵扰欧洲其他国家了”。[45]

此外，人们还认为，夺取法属加勒比岛屿将使法国海军遭到重创，其中一部分原因在于，法国在与西印度群岛开展贸易的过程中训练了一大批水手，这些水手能够在战争中随时加入海军。[46]而且，每当法国爆发公共财务危机时，那些稀缺资源必会优先分配给法国陆军，至少在欧洲爆发陆地战时是这样的。[47]法国海军力量的衰落无疑对英国有利，这意味着英国本土面临的威胁减少了，这样，皇家海军就可以将主要精力放在抵御外敌入侵这一首要职责上面来了。由此我们不难看出，尽管组建西部舰队这一战略计划使海军适时控制了远洋海域的事态，但英国战舰在服务欧洲事务与实现帝国目的这两个方面所投入的精力是不相上下的。

除此之外，还有更多其他理由可以说明，帝国之于海军，付出大于回报。在战争期间，帝国贸易的确得益于海军的保护，但它至少也给予了海军与之相匹配的回报。从各殖民地和帝国进口的货物需缴纳关税，而且帝国进口的货物也增加了英国的消费税收益，因为用帝国的原材料加工或制成的产品是需要缴纳消费税的。从殖民地进口贸易中直接或间接获得的税费增加了国库的财政收入，在国家尚未将资金投入到国民教育和社会福利中之前，这些收入大部分被用在了军队开支上。税收收入的稳步增长有利于国家借款，而这些税收与贷款使得英国政府供养得起一支中等规模的军队、若干外国盟军和辅助部队以及欧洲最大规模的海军。因此可以说，英国海军能够称霸海洋离不开帝国贸易的重要支持(更准确地说是极大支持)。[48]

我们可能还注意到，英国在北美洲建立殖民地的目的本来是希望他们通过为海军提供必要的补给来更加直接地支持海军。1704 年，在沥青和焦油这两个生产领域引入了奖励政策；1729 年，威斯敏斯特议会决定对新英格兰地区生长的白松实行保护，专门供皇家海军制造桅杆之用。但必须指出的是，殖民地在这方面的实际表现实在令人失望。在独立战争以前，北美洲对海军的补给并未真正让英国减少对波罗的海的依赖。不过，来自北美洲的沥青和焦油倒是很可能为英国降低了从波罗的海进口此类产品的成本。与之类似，新英格兰地区生长的高大松树作为海军迫切需求的一种资源，也同样仅在较小程度上起到了缓解作用。

说到帝国对海军的支持，《航海法案》(Navigation Acts)的意义更加重大。尽管该法案经历了几次修订和扩充，但从 17 世纪中叶法案颁布之日起直到 1849 年法案被废除，它一直都在规范着殖民地的贸易。颁布《航海法案》的目的有很多，比如促进英格兰以及后来不列颠经济的发展，为政府增加关税收入，提高英格兰以及后来不列颠的航运能力及海上实力，等等。然而当代历史学家(特别是当代美国历史学家)却认为，该法案增加了殖民地的经济负担，他们认为这在一定程度上可以解释后来为什么会爆发美国独立战争。[49]很可惜这种观点让人们的注意力从颁布该法案的最主要目的上转移开来，而这些主要目的恰恰是 18 世纪很多评论员都在谈论的话题。1660 年版的《航海法案》规定，从殖民地运往英格兰的货物必须由英格兰或殖民地的船只承担运输，并主要由英格兰或殖民地的船员负责驾驶。18 世纪人们一提到《航海法案》往往指的就是 1660 年的**这一版**①，可以说这一版法案也被视为整部法案体系的基础。简言之，1660 年这一版法案的意义就在于它提升了海军的实力。横跨大西洋的远洋航行为提升海员的航海技术提供了绝佳的训练机会，海员们在完成运输任务后，多半就可以在战时应征入伍了。因此可以说，1660 年版的这一法案为日后英国海军获得绝对优势发挥了主要作用。

丹尼尔·鲍(Daniel Baugh)或许比其他任何历史学家都更加看重《航海法案》的这个作用。他指出，1660 年版的《航海法案》原本建立了一套体系，但这套体系背后的逻辑却在七年战争之后开始变得模糊起来。鲍指出，在这之前，英国的政客们都非常清楚，《航海法案》以及航海体系的目标大体上就是希望在大西洋“后院”培养具有航运技能的人才，以服务于欧洲“前庭”。但 1763 年以后，他认为这套航海体系的真正目的已逐渐被淡化，因为后来的英国政府企图从贸易监管中榨取更多的利益。[50]乔治·格伦维尔(George Grenville)是这方面的始作俑者，1764 年，他就从推行《食糖法》(Sugar Act)开始，把早先的禁止性关税变成了给政府增加收入的税种；随后，罗金厄姆(Rockingham)政权又在 1766 年颁布了《种植

① 原文为斜体。——译者注

税法案》(Plantation Duties Act)，降低了糖蜜的进口关税，使得财政收入进一步增加；1767 年颁布的更著名的《汤森法案》(Townshend Duties)，虽然只对有限的货品征税，但也属于通过调节贸易来提高政府收入的行为。

鲍意在强调格伦维尔太过执迷于从殖民地获取收入，以至于背离了这套航海体系的初衷。鲍的这种想法的确没错，但他或许忽略了一点，其实在格伦维尔那个年代，依然有很多人在关注《航海法案》的价值，特别是 1660 年版的法案对提高海军实力的作用。1766 年早期，就是否应当废除格伦维尔颁布的著名的《印花税法案》(Stamp Tax)这一问题，人们各执其词。不少议员和贵族认为，关键的问题并不在于印花税法案这个立法本身，时任检查总长对下议院议员说道，而在于“《航海法案》对国家所产生的重大影响”。[51]很多反对撤销《印花税法案》的议员称，美洲人民一旦成功抵制了议会的征税决定，就会继续抵制议会颁布的贸易条例，其结果势必会威胁到英国海军的利益。担心《航海法案》受到威胁的不仅仅是那些支持议会主权原则的人。大家如此迫切地希望保护这套法案，以至于一些英国政客开始敦促政府对美洲殖民地实行更加灵活的征税政策。1774 年，殖民地危机进入到了一个新的危险阶段，诺斯(North)勋爵政府的支持者们要求采取强硬态度，而反对者一方则要求在征税的问题上作出让步，以避免美洲人民破坏《航海法案》所确立的体系，埃德蒙·伯克(Edmund Burke)把这套体系称作“该国关于殖民地政策的基石”。[52]

换句话说，无论是支持者还是反对者，他们都认为有必要用这套航海体系来约束殖民地人民，分歧就在于应当如何约束：是采用调节手段还是采取强制手段。可以毫不夸张地说，1775 年诺斯勋爵政府之所以开战，是因为大臣们担心一旦美洲人民不再受 1660 年版《航海法案》的约束，那么英国的海军力量将会受到致命的打击，而英国也将沦为欧洲二流甚至三流的国家之列。1778 年的早些时候，英国为了在法国的干涉条约生效之前尽早结束同美洲的矛盾，终于意识到采取强制手段是徒劳的，诺斯政府甚至宁愿在议会税收这一问题上完全作出让步——这也是导致争端的最初原因——只要殖民地肯接受英国议会对贸易的管控。

英国战败后，负责和平谈判的大臣谢尔本(Shelburne)勋爵想装作什么事都没有发生，他要把获得独立的美国人视为“光荣的英国人”，目的是继续用《航海法案》来约束美国。谢尔本这样做本来是想与美国重新构建一种新的政治关系，但他的慷慨包容却未能得到大多数英国政客的认可。威廉·伊登(William Eden)——他是 1778 年前往北美殖民地与叛乱者进行谈判但却无功而返的委员会成员——声称，如果允许美国继续像战前那样负责货物运输，那么英国商船队的利益将受到严重损害，而且“我们的海军”也势必会遭到“严重破坏”。[53]因此，谢尔本的继任者们最初的本能反应是，在重构战前体系时要把反动的殖民地排除在外。[54]1783 年，英国颁布了一系列枢密院令，允许新独立的美国同英属西印度群岛开展贸易，但仅限于使用英国船只。参与起草第一批枢密院令的威廉·诺克斯(William Knox)认为，这一规定非常重要，他甚至希望“将这些文字刻在自己的墓碑上，因为它们挽救了英格兰的航海事业”。[55]1786年，新版《航海法案》对英国船只作了进一步严格的规定。

事实证明这个政策很难维持下去。法国大革命的到来让英国的航运资源受到了极大限制。1794年颁布的《杰伊条约》(Jay Treaty)使得美国人有更多机会同英属加勒比地区进行贸易往来。然而，直到19世纪20年代，航海体系才得到更加严格的修订，威廉·阿什沃思(William Ashworth)不久前指出，当时的《互惠关税法案》(Reciprocity of Duties Act)对海外贸易监管体系发起了“第一次实质性的打击”。[56]但即便如此，就殖民地贸易来看，最本质的内容依然被保留了下来。[57]英国贸易委员会主席、改革派威廉·赫斯基森(William Huskisson)热情地肯定了《航海法案》在增强英国海军实力方面所扮演的重要角色。[58]在1849年法案被正式废除前，双方辩论依旧相持不下，这足以表明该法案作为皇家海军的有力支撑，依然有着相当多的支持者。主张废除该法案的议会议员约翰·刘易斯·里卡多(John Lewis Ricardo)指出，“既然尊敬的对方辩友已经承认放宽航运法规的限制将有利于商业发展，那么整个问题就可以归结为放宽限制所带来的打击是否会导致皇家海军将沦落到无力保卫国家的地步。”[59]包括他在内的大多数议员认为，当前的形势显然更倾向于废除该法案，但也有很多人不这样认为。

Ⅲ

我们应当提醒自己，这个情况是有它相对独特之处的。在自由贸易学说取得进展(19 世纪 20 年代和 40 年代各一次)之前，人们普遍认为，皇家海军的实力完全有赖于《航海法案》(或者更确切地说是 1660 年版《航海法案》)的规定，并且认为建立殖民地的一个主要目的就是通过开展殖民地贸易训练海员的航海技术(运输货物的船只及船上的船员主要来自英国本土或殖民地)，以便为皇家海军提供战时所需的人员储备。素有“自由贸易者守护神”之称的亚当·斯密(Adam Smith)也在 1776 年声援《航海法案》，他认为“大不列颠的防御能力在很大程度上取决于其水手和船舶的数量”。[60]至少在 19 世纪 20 年代以前，帝国和海军对彼此的支持是不相上下的。海军的主要职能在于服务欧洲事务，而且其中一个首要任务——正如 1849 年里卡多所言——就是保卫国内领土的安全。

第三篇　海洋视角下的帝国与英国身份①

P. J. 马歇尔

近年来，有不少学者开始探索 18 世纪下半叶至 19 世纪早期这一时期内，日渐觉醒的不列颠意识(sense of Britishness)与大英帝国海外成长之间的关联，由此也产生了大量优秀的成果。C. A. 贝利(C. A. Bayly)的《帝国子午线》(*Imperial Meridian*)[1]以及琳达·科利(Linda Colley)的《不列颠人》(*Britons*)[2]就是近年来诞生的经典著作。而对这些关联的多样性开展极其深入而细致的探究，并对其中所包含的问题进行详细阐述的当数凯瑟琳·威尔逊(Kathleen Wilson)。[3]本书将借鉴上述学者及其他学者的一些观点——特别是从帝国及身份认同(identity)角度解读不列颠海上力量的观点。我们发现，在英国国内的自我认知与不列颠海外发展这两者之间出现了不同程度的错位。英国舆论会将自己的主流价值观投射给帝国。随着这些价值观发生变化，人们对帝国的认知也会随之改变。但在任何时候，人们都不应该仅凭英国本土所

① 为便于读者区分并理解原文中某些相似的概念表述，译者在译文中特别保留了这些英文表述，供读者辨别。——译者注

投射的价值观去设想整个帝国的情形。这一时期不列颠在帝国事业上的投入发生了本质上的变化，帝国的思想观念也需要作出相应的调整以适应这些变化。于是我们不禁要思考：英国人是如何看待自己的。

I

学者们近来已充分认识到，“不列颠”“帝国”以及“身份认同”这些概念的含义是会随着时间的推移而发生变化的，甚至它们在本书所划定的时间范围内就代表了不同的含义。因此我们在探讨这些概念时，必须把它们放在当时的背景下进行细致的分析。关于大英帝国(通常首字母 E 大写)的含义从 19 世纪中叶开始基本就不存在争议了，它指的是英国对世界不同民族与领土实行统治的一套制度体系。然而在 18 世纪，大英帝国却被赋予过不同的含义。在一般用法中，一个国家的“帝国”通常只是用来表示这个国家的独立存在以及它在世界上所拥有的权力。然而对于大英帝国来说，它还存在一些特定的含义。首先，大英帝国意味着不列颠群岛共同行使同一个主权。从 17 世纪初开始，人们就认为英格兰和苏格兰构成了大英帝国，而爱尔兰也逐渐被视为这个帝国的一部分。1782 年，就在爱尔兰获得立法独立的胜利时刻，亨利·格拉顿(Henry Grattan)宣布，“大不列颠与爱尔兰”仍然属于“同一个帝国”。[4] 1801 年，英格兰和爱尔兰正式合并后，英国议会吸纳了来自爱尔兰的议员，该议会通常被称为帝国议会。早在17世纪，联合了不列颠群岛的帝国就开始向附近的海域扩张了。查理二世(Charles Ⅱ)被告知，“就连不列颠的海洋也都被纳入您大英帝国的皇室遗产中了”。[5]进入18世纪，英国开始无限扩张自己的海上疆域，他们声称拥有自由进入世界各国海域的权力(据说这种说法最早出自伊丽莎白时期的海员之口，当时他们正在和西班牙争夺领土)，这一权力使英国成为日后的不列颠“海上帝国”。“汝之一切至高无上，我们要为它筑起坚实的堡垒。”1740年，詹姆斯·汤姆森(James Thomson)在他创作的《不列颠万岁》(*Rule, Britannia*)中这样写道。虽然开疆拓土是海上帝国的一部分(比如让具有英国血统的人以开辟种植园或者在别处定居的方式)，但最主要的是，它实现了对世界各地海上贸易的控制，而这背后的支撑力量就是英国强大的海军。

英国总是在以这样或那样的形式扮演着海上帝国的角色，这种假设一直持续到20世纪中叶。然而，从18世纪中叶开始，帝国所采取的手段就已经很明显了：它正在通过征服北美洲及亚洲的大片领土的方式变成一个帝国，同时它还统治了各个外来的民族，起初是孟加拉人以及被英国人征服了的生活在加拿大的法国子民，后来还包括生活在国外的英国人的后裔。当代的用法已经开始认识到这一转变，并且在使用大英帝国这一表述时，往往指的就是它现在的含义。[6]1772年，阿瑟·扬(Arthur Young)写道：“英国的版图”是由“遍布在世界各地的殖民地及定居点”构成的，因此我们现在要把它作为“一个整体”而不是其他任何形式来看待。[7]对于这样一个帝国，我们需要用一种新的思想观念来认识，而不能仅仅把它看成是一个海上帝国。这里需要注意的是，领土帝国(即统治土地和人民的帝国)的概念不是用来取代之前的海上帝国(即基于海上贸易和海军力量的帝国)的，而是丰富了它的含义。

“不列颠身份”与帝国一样，是一个非常复杂且难以界定的概念，同样需要一些前期的调查研究。它假设承认了18世纪的英国的确未能一视同仁地对待不列颠群岛和北美洲及西印度群岛的殖民地。英国是典型的君主制国家，君主集多重权力于一身。所有生活在不列颠群岛和殖民地的人都是国王的子民。在爱尔兰、大西洋各殖民地以及苏格兰的某些地方，各地分别有自己的行政机构，但这些地方都是由英国枢密院及内阁大臣以国王的名义实行监管的。尽管英国议会宣布对国王的所有领土拥有主权(汉诺威除外)，但关于这些权力的范围，在爱尔兰和美洲地区还存在争议。保护国王统治的任务最终交由英国海军和陆军来负责。

任何关于不列颠意识的概念都必须与其他来源的身份认同共存，而这些身份来源往往可能激发更强烈的忠诚度。英格兰人、威尔士人以及苏格兰人所持有的身份认同显然是不一样的，更不用说爱尔兰人了，他们甚至倾向于用一种截然相反甚至对立的方式来表明自己的身份。特别是在北美洲，一些爱尔兰人被称为“苏格兰-爱尔兰人”。在不列颠群岛以外的美洲和西印度群岛的殖民地，一种强烈的地方爱国主义已然兴起。“英格兰意识”(Englishness)与“不列颠意识”(Britishness)就是最明显的例子。人们通常有意使用“英格兰人”(English)来指称英格兰身份，用来区别于苏格兰人。弗吉尼亚的阿瑟·李(Arthur Lee)就是这样一个对苏格兰厌恶至极的人，他甚至拒绝使用“不列颠的”(British)来称呼“那个讨厌的国家”苏格兰。[8]对于大多数英格兰人以及来自威尔士、苏格兰甚至爱尔兰新教徒中的精英人士，他们很可能不会作如此细致的区分，他们会用“英格兰”泛指“不列颠”，他们的后人也一直这样讲。此外，“英格兰的”(English)还代表了一整套“普遍的政治价值观”，对那些非英格兰民族(non-English people)而言，宣称这些价值观显然并不意味着对他们自身民族身份的否定。[9]苏格兰人、威尔士人以及各民族融合的美国人都乐于称自己拥有“英格兰人(Englishmen)的权力”。在不列颠群岛的主岛内部还存在着两股强大的力量——区域主义(regionalism)和地方主义(localism)。近年来有人提出，18世纪的英国更倾向于强调区域主义。[10]因此承认其他领土身份并不是不列颠意识所面临的唯一障碍。在一些历史学家看来，人们对自己的宗教信仰和君主的忠诚度如此之高，以至于在19世纪以前，不可能有任何形式的民族主义概念出现。[11]

这种强烈的不列颠意识大多体现在那些为国家效力或者积极参与国家政治的精英阶层身上；此外，那些专业人士及商业界人士也经常站在不列颠视角来看问题。大卫·汉考克(David Hancock)就向我们展示了在不列颠群岛上，一个由不同族裔组成的商人群体是如何将自己视为一个“位于大西洋沿岸的不列颠”统一体，并且大家为了这个统一体的“完整与进步”而共同努力的。[12]不列颠的殖民地向所有不列颠人民开放。用休·鲍恩(Huw Bowen)的话来说，“没有一个人被排除在外，即使你在最高层”。下面这个例子就是最好的证明。18世纪后半叶，大批苏格兰人和爱尔兰人涌向了大西洋殖民地或者加入了东印度公司，于是在整个帝国范围内，“不列颠意识便取代了英格兰意识”。[13]英国人很关心殖民地的状况，在伦敦，大家都爱说“我们的”殖民地如何如何，这让那些造访英国的美国人非常愤怒。海军和陆军不仅是在捍卫英国的君主制，而且是在真正意义上保护那些自认为是英国人的不列颠民众。因此无论海军与陆军是否在战争中成功地维护了国家利益，不列颠媒体都会对他们给予热切的关注，各地的新闻媒体也都会报道同样的新闻内容，只是在不同地区措辞会略有不同。美洲殖民地的媒体基本上也会转发伦敦媒体的报道。[14]正如凯瑟琳·威尔逊(Kathleen Wilson)所言：媒体为我们构建了这样一个民族共同体，它由“一群自由的、朝气蓬勃的、大部分(即便不是全部)是不列颠的白人男性子民构成”。[15]她强调，尽管仍旧有庞大的群体被排除在这样一个构想出来的民族共同体之外，但18世纪中叶的新闻媒体依然有着广泛的受众。据最近的一项评估显示，这些受众主要包括

“有一定技能的劳动阶层和普通阶层(如店主、商贩、专业人士及商人)”，同时还包括伦敦及其他一些大城市的社会精英和政治精英。在其他地方，无论是客栈、咖啡馆还是各村镇的店铺里，人们也都可以读到报纸。[16]

由此看来，维护英国人的归属感不仅仅有赖于广大民众对国家事件的实际参与，还有赖于媒体通过各种报道(特别是关于战争的报道)让更多的民众在想象中参与国家事务。埃德蒙·伯克(Edmund Burke)曾非常沮丧地指出，在美国独立战争期间(这是他强烈反对的战争)，“在大不列颠，广大民众和政府完全融为一体，任何与内阁发生的争端都是在与国民作对”。[17]因此，琳达·科利认为，我们这一时期英国人的归属感“正朝着所谓英国民族主义的方向发展”。[18]这样讲似乎不无道理，即便它必须与其他更强大的身份来源并存，即便这种归属感尚不能影响纸媒无法触及的偏远地区的人们(显然，处在偏远地区的爱尔兰人就在此列)。

Ⅱ

不列颠的海外帝国一直都是一个海洋帝国，它有赖于英国一支庞大的商船队完成货物、人员及信息的传递。到18世纪中叶，英国通过不断扩大航运规模，不断增加英国本土与殖民地以及各殖民地之间(后者更为频繁)的通航次数，更进一步加强了与大西洋地区的联系。[19]其中，美洲殖民地为这一亲密融合做出了主要贡献：原因不仅在于美洲制造的船只出入于殖民地各港口，成为帝国海上交通体系中的关键一环，为英国本土输送了西印度群岛的食物和木材；还在于在美国独立战争爆发以前，英国约有1/3的轮船是在北美洲建造的。特别是新英格兰地区的当地人，他们本身就是一个擅长航海的民族。后来，埃德蒙·伯克在1775年向下议院表示，从北极冰层“翻滚的山脉”到南极蜿蜒的“冰冻巨蟒”，“没有哪一片海域不能被他们当作渔场，没有什么天气能妨碍他们出海”。[20]

在本书所涉及的这段历史时期，大英帝国的海洋因素占据了相当大的比例。在尼古拉斯·罗杰教授看来，那种认为海军的“存在就是为了支持英国海外扩张”的观点“实际上在任何时候都是站不住脚的”。[21]海军的首要任务在于服务欧洲水域，保卫不列颠不受外敌入侵，并确保其在地中海和波罗的海的利益。这一时期的几次重大海战都是在欧洲海域进行的。当然，海军对于帝国的发展也的确起到了主要作用。从18世纪30年代起，英国就开始在各殖民地设立海军基地了。七年战争期间，英国之所以能够征服加拿大、西印度群岛以及印度沿海地区，完全是凭借着它强大的海军实力。1781年，英国在短暂失去对北美水域控制权的同时，也失去了继续作战以征服美洲人的能力。1782年，罗德尼在桑特海峡战役中所取得的胜利或许避免了痛失牙买加殖民地的灾难。

从海洋维度研究帝国这一时期的历史有着充分的理据，

其意义不仅体现在商业和军事方面，还体现在更深的意识形态层面。不列颠人民对国家的海上力量充满了信心，也更加坚信自己的国家可以建立海上帝国。在大卫·阿米蒂奇(David Armitage)看来，这个帝国至少从18世纪30年代起就秉持了一个共同的价值观，那就是"新教、商业、海上力量与自由"。[22]阿米蒂奇教授强调说，虽然当初这些价值观只得到了那些反对沃波尔(Walpole)的英国议会议员和一些殖民地发言人的支持，但后来，它们已经发展成为英国舆论几乎所有阶层都向往的一种身份认同，那些爱尔兰的新教徒和生活在大西洋殖民地以英语为母语的白人也都对这一价值观表示了认可。

基督新教、商业、海上力量和自由这几个因素被视为彼此密不可分，特别是商业与自由、海上力量与自由之间的关系尤为密切。《凯托来信》(*Cato's Letters*)是18世纪20年代备受推崇的反对派论战文章，作者这样写道："贸易与海军力量只有在保障了公民自由的前提下才能够实现，如果没有了公民自由，一切都将无从谈起。"[23]很显然，商业只有在自由的社会环境下才能蓬勃发展，只有在这样的社会里，公民的财产才能得到保障，而不至于被政府或贵族肆意侵占。在一本印刷于17世纪晚期的小册子中有这样一句话："世界上所有的暴政都是因为有陆军在撑腰；那些独裁的君主永远不可能拥有杰出的海军和繁荣的贸易。"[24]远洋贸易需要商人们的大量付出，只有在人民财产得到保障的自由社会里，海上贸易才能得到发展。在自由的土壤里成长起来的长途贸易不仅应当维系国内的自由，还应当把自由的理念传播到海外。

当时英国所秉持的理念是，对待海外贸易不应当采取武力和管制的态度——据说这是包括荷兰在内的其他国家的做法——而应当采取自由交换的方式。贸易的自由促进了英国种植园的成长与繁荣。1774年，约翰·坎贝尔（John Campbell）在其《政治调查》（*Political Survey*）中写道：英国凭借其在“商业和海上力量的影响力”同殖民地连在了一起，因为它们“秉持着共同的利益目标，实现了物质利益的交流与互惠”。相比之下，其他帝国却在使用“暴力”手段，让子民“臣服”。[25]欧洲以外的其他民族也应当被纳入到英国的贸易关系中来，在没有胁迫的环境下自由地交易。爱德华·杨（Edward Young）在1729年创作的《商人》（*The Merchant*）一诗中这样写道：

> **商业**①带来了艺术，也带来了收获；
> 海风携着商业的气息远涉重洋；
> 清风拂过，贫瘠之处也将遍地开花。[26]

这种华丽的辞藻当然经不起推敲。英国的殖民地贸易绝非作者描述的那样自由，而是严格地受到《航海法案》的制

① 原文为所有字母大写，COMMERCE。——译者注

约；而且英国与欧洲以外其他民族之间的贸易关系也并非没有强制因素。自由与海军力量的关系也经不起拷问（在水兵看来，海军生活几乎没有自由可言），但却被极力地宣扬。

1741年，有人极力主张将海军“写入宪法，使其成为宪法的基本组成部分”，因为海军“就像议会和《自由大宪章》（Magna Carta）一样，对于我们的安全与福祉来说必不可少”。[27]人们之所以对海军和海战抱有如此高的热情，是因为陆军在欧洲陆地战中的表现着实令人失望。有人认为，由克伦威尔（Cromwell）和詹姆斯二世（James Ⅱ）领导的常备军威胁到了英格兰的自由，而海军却从来不会。人们很容易认为正规军就是国家实施专制统治的工具，而水手才是生而自由的英国人。他们认为，应当把英国的防御任务交给海军，必要时可由民兵组织充当后备力量，而不必雇用职业军人。在欧洲大陆作战的军队尚需听命于不列颠的荷兰君主或汉诺威君主；而海军才真正是为了保护英国利益、为推进贸易而战。

早在18世纪，殖民地美洲人民就在为构建新教、商业、海上力量和自由的帝国理想而发挥重要作用了。他们一直因为自己是帝国中的一员而倍感骄傲，直到1775年战争爆发。1766年，马萨诸塞州议员詹姆斯·奥蒂斯（James Otis）写道，他希望这个“庞大的”大英帝国可以“一直这样繁荣下去，直到所有人都真正获得自由和快乐，就像那些生来就被上帝赋予了自由的同胞一样”。[28]托马斯·杰弗逊（Thomas Jefferson）

认为，正如美洲人民所设想的那样，自由的大英帝国为新的美利坚合众国提供了一个典范。[29]尽管英国对贸易的控制让人心生不满，但在革命前夕，即便是那些波士顿的激进分子也都愿意接受议会用法律手段对殖民地那些“不利于英国”的贸易进行限制。[30]显然，要想加入这个拥有海上力量和商业的自由帝国，接受《航海法案》是必须付出的代价。直到美洲人民感觉到自己被逐出大英帝国的时候，约翰·亚当斯(John Adams)才终于相信，只要英国继续实施“海上暴政”，美洲人民就不会获得真正的自由。[31]

Ⅲ

海外贸易、海军力量和英国式自由的理念在18世纪三四十年代得到了托利党的“爱国者”反对派和辉格党中持不同政见者们的大肆宣扬。不管怎样，其他党派的人士对这个看似无可辩驳的准则几乎都没有直接反对，而大多数掌权者也认可了这些理念，只是在态度上有所保留或者在措辞上稍稍做了些改动。正如尼古拉斯·罗杰在18世纪早期所说的那样：

> ……所有英国政客都深信英格兰海上力量的神话——一场针对天主教敌人的真正海战一定不会失败。而反对派与当权者的真正差别往往在于，前者

是全心全意地投入，而后者不得不向现实做出某种妥协。[32]

实际上，在18世纪上半叶，英国的大臣们是希望通过建立同盟和投入兵力来维持欧洲大陆的权力平衡的，并同时保留英国在欧洲大陆的某些特定的权益，比如保留皇室君主在荷兰和汉诺威的权益。然而到了18世纪中叶，人们形成了一种共识，那就是“现实”要求英国动用海军和军事力量在全球范围内发动战争。殖民地贸易对英国的经济、公共财政以及维护英国在欧洲的地位等方面的贡献得到了大家的普遍认可。英国倘若在海外战场遭遇失败，将只能任由敌人摆布。相反，人们认为法国如果被剥夺了殖民地贸易，也会受到严重影响。七年战争的结果表明，殖民地战争和海上战争的胜利极大地巩固了英国在世界的地位。

七年战争过后，英国政府打算继续维持原先对海军和殖民地的定位。从1763年开始直到拿破仑战争后期，陆军主要被部署在欧洲以外的战场：18世纪70年代，陆军主要在北美洲作战；90年代转战西印度群岛，并为此付出了惨痛的代价。英国显然不甘心脱离与欧洲大陆的联系，它必须在欧洲寻找同盟。毫无疑问，英国在取得了七年战争的胜利后将自己视为了一个海洋强国，并通过殖民地贸易掠夺了大量财富，进而奠定了自己在世界上的地位。

如果说18世纪中叶以前，英国的主流舆论将海上帝国奉为信条，那么他们又是怎样轻而易举地过渡到新教、商业、海上力量与自由这些古老的爱国理念上的呢？显然，当下的帝国已不再是清一色地信奉新教了，宗教信仰已经变得更加多元，信徒中还包含了大量的天主教、伊斯兰教以及印度教的教徒，官方在宗教政策方面也更倾向于保持中立。虽然在不列颠范围内还会有很多有关新教的传教活动，但安德鲁·波特(Andrew Porter)提醒我们：千万不要将帝国简单地等同于差会①眼中的布道。[33]尽管如此，在19世纪以前的很多流行话语中，大英帝国依然被描述为在践行上帝的新教宗旨。

很显然，人们设想中的这个帝国仍然是在秉持着商业和海洋的理念的。贸易与海军这二者也可谓相得益彰。远洋贸易为海军培养了海员，这些海员又可以加入海军，在战时为贸易保驾护航。1799年，亨利·邓达斯(Henry Dundas)这样写道：

> 大不列颠决不会主动发起复杂的大规模战争，我们只会破坏敌人的殖民地资源，并相应地增加我方的商业资源，这才是——也必将永远是——我们维系海上实力的独特方式。我们凭借自己在商业和船队方面的实力取得了今天这样骄人的成绩，这些成就使我们达到了如今引以为傲的卓越地位。[34]

① 差会是基督新教派遣传教士在外进行传教活动的组织，产生于17世纪初叶。——译者注

直到19世纪以前，《航海法案》中所体现的帝国贸易管理体系一直被视为大英帝国的有力支撑。在很多英国人看来，维护《航海法案》是英国对美洲殖民地进行胁迫所能采取的最后一个正当理由了，甚至由此导致了1775年战争的爆发。一旦英国失去对美洲13个殖民地的控制，《航海法案》也就无法再继续执行下去，英国也将无法继续和美洲开展贸易了。1776年，卡莱尔(Carlisle)勋爵在国会上议院的那次演讲代表了大众的普遍心声。他认为，一旦我们承认“控制殖民地的政治主权和商业贸易是为了获取丰厚的利润”，那么不列颠就将“失去巨大的商业利益……进而陷入无人问津和微不足道的境地”，最终成为自己掠夺行为的牺牲品。因此，征服美洲“对于我们民族的生存至关重要”。[35]战争结束前，人们对美洲在海洋方面的巨大潜力表现出了极大的担忧。如果不能对美洲实现某种形式的统一，那么这一潜力势必对英国不利。美洲人将控制西印度群岛，而且正如大量来信对英国媒体所警告的那样，美洲人迟早会培养出一支“比我们更强大的海军”。[36]

18世纪末，海军的发展遥遥领先，在它的带动下，英国在大西洋以外的其他海域也开辟了一些新兴的海上事业。艾伦·弗罗斯特(Alan Frost)在其所著的《帝国的全球影响力》(*The Global Reach of Empire*)一书中描述了英国在印度洋和太平洋的扩张。他写道：“截至1820年，英国人在开普敦、毛里求斯、槟城、新加坡、悉尼及霍巴特都建立了定居点；此外，在太平洋各岛屿及其沿岸也都设立了非正式的定居点。”[37]

各方意见都认为海军依然是维护英国自由的主要力量。1798年1月1日，支持政府的《反雅各宾报》(*The Anti-Jacobin*)欣然表示：

不列颠人就此捍卫了古老的名誉，
宣称自己建立了海上帝国。
向投来羡慕眼光的全世界昭示：
我们的民族依旧勇敢而自由。[38]

在政治光谱的另一端，曾经强烈反对同法兰西共和国开展陆地战的福克斯的拥趸《纪事晨报》(*Morning Chronicle*)也用以下口吻回应有关“光荣的6月1日海战”①的新闻报道：“正如每一位英国人所预见的那样”，这一战“以升起英国胜利的旗帜而宣告结束”。“无论我们为何参战，也无论我们参战的决定有多么荒唐……我们都应该为自己所展现的海上力量而感到欣喜。”[39]3年之后，《纪事晨报》又以同样的口吻评论了坎珀当海战②的新闻：“无论我们……如何谴责关于战争本身的政策，在这片自然的栖息地上，我们都见证了守卫者们所取得的伟大胜利，为此我们应当欢欣鼓舞”。“是我们勇敢无畏的水手”将国家从“软弱的政府手中挽救了回来”。[40]随着拿破

① 发生于1794年。——译者注
② 发生于1797年10月。——译者注

仑的崛起，英国的激进分子即便在其他方面对国王的统治政策心存不满，也都对英国海军的成就给予了应有的尊重。尽管早些时候一些海军高级军官在有关奴隶贸易的调查中表达了对奴隶贸易的支持，但作为1807年后镇压奴隶贸易的主要力量，海军在维护全世界自由这一方面依旧发挥了积极的作用。

Ⅳ

在18世纪后期的帝国决策者们看来，大英帝国不但仍然秉持着商业和海洋的理念，同时还崇尚自由。然而对于自由的构成应当如何解释，人们却存在分歧，帝国内主要分成了相互对立的英派和美派。在英派看来，大英帝国无疑是建立在自由之上的独特的帝国，并坚信商业只有在自由的环境中才能蓬勃发展。1764年，在提议对美国征税时，乔治·格伦维尔甚至声称他“热爱这个国家的自由精神和商业精神”，但他同时还说，“他不希望这两种精神要依赖这个国家才存在”。[41]因此殖民地的自由一定是受到某种限制的自由。殖民地必须服从伦敦至高无上的议会，这实际上也代表了整个帝国的状况。由于议会的主权权力越来越受到国内及殖民地激进分子的质疑，因此代表王权、贵族和人民利益的议会能否得到服从就被认为是检验英国式自由的试金石了。1763年，下议院通过表决，称“真正的自由”必须“尊重王国的立法权威，并且严格遵守法律”。[42]而美派则主张他们有权“只服从那些经民选组织表决通过的措施”，然而这些主张却被驳斥为是对一切统治制度的颠覆，必将导致民主失控、暴徒专横、社会动荡，并最终走向独裁。

这些权利主张在独立后的美利坚合众国的共和制度中得到了体现，但英国人却强烈回应称真正的自由只存在于权力平衡以及保障了各种历史权益的英国宪法中。英属北美洲的那些流风遗迹在 1783 年后都被尽可能地与共和思想隔离开来。新英格兰与新斯科舍的跨境联络会被视为“极其不当的行为，将造成相当恶劣的影响”。[43]那些渴望得到官职或土地补助金的人必须在议会宣誓效忠国王的最高权威。一些试图在新斯科舍或魁北克构建新秩序的人认为，自己的人民将在“明智而适度的管理”下蓬勃发展，而那些在边境以南生活的人民只能独自“承担由自己的愚蠢所带来的一切后果”。[44]

英美两派对自由的解读表现出了强烈的反差：英国人的理解相对保守，他们眼中的自由是宪法中所规定的英国式的各种信条，体现在现行的秩序中；而美国人则渴望建立一套新秩序，这套秩序是建立在与生俱来的权利与人民主权的基础之上的。1783 年之后的大英帝国或许依然算得上是自由的帝国；虽然美国式的自由看起来更加具有普世意义，但英国式的自由似乎对英国人民更适用。此外，爱国主义不再被视为反对言论，而是被赋予了新的内涵，它代表了对不列颠群岛一些特定的周边地区及其制度的忠诚。1782 年，诺斯（North）勋爵在辞职演说中还援引了这一爱国主义（他因在战争中失败而辞去首相一职)。他称自己在战斗中秉持了"真正的英格兰(English)原则和作为一名英格兰人(Englishman)的原则……即便不是为了利益,他也有责任为了至高无上的目的来维护这一原则"。[45]如果美国人不愿接受英国的至上地位和对英国宪法的真正解读,那么他们最后只能是连同那些不被接受的学说一道被逐出帝国,而生活在大西洋彼岸的200多万人民将不再算是英国人。

甚至早在1783年停战以前,一些从英国迁出的移民就开始追求新的美国式自由了。"我们并不是为了追求财富才离开的",一群来自曼彻斯特的工匠对富兰克林解释说,"我们坚信"美国的事业就是"上帝的事业,我们知道,一切统治的权力都来自人民"。他们希望生活在"一个自由的国度,由**诚实的人**①来管理这个国家"。[46]与此同时,另一群人选择了英国式的自由,他们迁移的方向刚好相反。那些在纽约受到英国军队保护的民众将不得不离开最初的13个殖民地,他们声称对共和制度"厌恶至极",希望在"英国宪法"的保护下过自己想要的生活,只有这样他们的"公民自由和宗教自由"才能够得到保障。[47]在离开新美国前往英国殖民地新斯科舍的人群中,西蒙·沙玛(Simon Schama)认出了一位美国黑人,他为自己取名为"不列颠自由"。[48]像他这样逃到英国驻军边界的奴隶大约还有3000名,他们得到的回报就是可以从纽约前往新

① 原文所有字母大写HONEST MEN。——译者注

斯科舍，然后以自由民的身份在那里定居。英国驻纽约指挥官卡尔顿(Carleton)将军认为，这些人已经是“英国的子民”了。据说，在一桩有关奴隶所有权争议案件的裁决中，委员会裁定：所有抵达英国边境的奴隶都将获得自由，“英国宪法不允许有奴隶制的存在”。[49]

很多做过奴隶的人后来都被送往塞拉利昂定居了，当初格伦维尔·夏普(Granville Sharp)在那里为很多非洲人提供了保护，他从一开始就坚持要让定居者享有“英国人的(English)自由”。[50]大西洋两岸的活动家往往站在人权普遍原则的角度来谴责奴隶制和奴隶贸易，但在英国的(British)废奴主义内部还有一种更强有力的观点认为，确切地说，是英国的(British)自由传统推动了事态的发展。由于曼斯菲尔德(Mansfield)勋爵1772年在萨默塞特(Somerset)案件上的实际判决遭到了他人的曲解，人们普遍断言奴隶制在英国的(English)法律中是没有立足之地的。1788年，为了反对奴隶贸易，剑桥大学发起请愿，理由是“我们优秀的宪法通过确保哪怕是最卑微子民的自由，来一丝不苟地为人民谋幸福”，包括奴隶。[51]

就如何对待黑人效忠派而言，英国式自由即便从狭义上理解，也可以惠及帝国内的非英裔人士。1791年，在魁北克的法裔加拿大人开始推行效仿英国宪法法案的代议制度。然而从18世纪下半叶开始，大量的帝国子民并未真正享受到英国宪法中所规定的自由。

V

这样的新兴子民大部分生活在印度，19 世纪早期，他们当中就约有 4000 万人生活在英国的统治之下。大英帝国统治下的印度与帝国所宣扬的新教、商业、海上力量与自由的理念有着天壤之别。当地居民几乎无人信奉基督教，更不用说新教了。英国通过一个庞大的商业机构——东印度公司负责管理与印度的往来。但到了 18 世纪后期，该公司最重要的职能就变成了负责税收，而且与印度开展贸易的主要目的开始转变为向英国输送盈余收入；只有同中国开展的贸易才算得上是真正的商业活动。只要东印度公司把持着垄断权，英国的私人企业就几乎没有办法进入印度市场。英国同印度的联络当然是走海上交通，并通过设立基地和部署战舰的方式确保交通线路的畅通。英国的船只把印度港口当作基地，与亚洲保持着广泛的贸易往来。然而英属印度其实是一个庞大的陆地军事力量，其陆地边界已延伸到了次大陆的内部。甚至在 19 世纪早期，它就开始感觉到来自大陆另一边的其他欧洲大国的压力了。为了保卫前线并震慑子民，英属印度一直维持着一支庞大的军队，军队的现役士兵约有 22 万人，他们绝大多数来自印度。但在 19 世纪早期，随时在印度服役的皇家军队也有约 2 万人。虽说印度的治理离不开印度民众的默许，离不开大量士兵、行政人员、代理人及各种中间人的积极配合，但当初英国毕竟是通过武力手段获得对印度的统治的，或者说印度统治者是被迫将印度割让给英国的。印度人民甚至连在形式上向政府表达同意的渠道都没有。这个标榜着海洋与自由的帝国，践行的却是军事独裁的统治方式，实在令人匪夷所思。

在过去，一个领土帝国如果配备了庞大的异族常备军、实施专制统治，不仅会被认为很反常，而且简直是骇人听闻，人们会认为这威胁到了不列颠的自由①。自由②、海洋的英国通过打破西班牙和法国所鼓吹的“普世君主制”来定义自己。因为英国不愿去效仿它们；而且在亚洲这个实行专政、生活骄奢(罗马就是因此而走向衰落的)的地方，这样做更是行不通。这样的帝国无法让英国本身的自由长久存续下去。

帝国在印度的崛起着实引发了很多不安，有人开始公开谴责那些在印度发迹的英国富豪，议会也开始对克莱夫(Clive)和沃伦·黑斯廷斯(Warren Hastings)发起攻击。然而，尽管有人担心亚洲帝国的悲剧会再次上演，可这种担心却从未发展到令英国放弃做帝国的程度。就连伯克这位一直在抨击东印度公司及其职员的批评家也从未主张要放弃。在当时很多人看来，此刻摆出这种高姿态未免太过危险。同印度开展贸易并获取利润被当作维护英国财富与权力的重要途径。在 1773 年发行的一本小册子中这样写道：“我们现在放弃这

① 此处“自由”在原文中为 liberty。——译者注
② 此处“自由”在原文中为 free。——译者注

些财产势必危害到国家未来的自由与独立。”[52]

到了18世纪70年代，英国出于自身的需要，逐渐以改善印度为名义进行宣传。英国的统治被赋予维护和平与秩序、实现司法公正的名义。他们认为，印度人既不具备担任政治代表的资格，也没有这样的愿望。虽然印度人民没有享受到主动参与国家治理的自由，但在人身安全与财产安全方面，他们的确是在享受着受法律保护的被动的自由的。这项让英国人扬扬得意的法律不是外国人强加给印度的，而是印度人早就习以为常的旧时的法律，只不过现在得到了公正的执行而已。越来越多的报道称，在英国友善的治理下，印度得到了切实的改善，而且这种呼声渐渐压过了关于战争压迫导致贫困的那些报道。负责印度事务的大臣在翻阅了东印度公司1813年的宪章法案后自豪地称，他认为该公司的管理“理念充满了智慧，治理工作卓有成效，世界竟然实现了前所未有的平等，简直不可思议”。[53]在印度，帝国俨然成了人们引以为傲的事，而不再是让他们忧虑的对象，更不用说责备了。

当时大多数人很可能认为，印度之所以能接受一个军事化的专制帝国，是因为这是在特定条件下所采取的必要手段。在治理印度这一问题上，再没有其他办法能同时满足印度和英国双方的利益了。人们普遍认为，这一例外与英国所谓的海洋、商业与自由的帝国传统在本质上并不矛盾。然而事后来看，我们不妨把它看作是英国社会在价值观长期转变过程中的一个阶段，其特点表现为对秩序、等级制度及民族主义的关注，这就是英国之所以能超过美、法两国所宣扬的普遍原则的特别之处。

这一转变或许可以从人民对军队的看法中反映出来。尽管在半岛战争和滑铁卢战役之前，陆军在战绩上几乎无法与海军相媲美，但一些爱国者似乎正慢慢放下对陆军的偏见。亚当·斯密的这段话可以代表人们的普遍看法，他写道："一支训练有素的常备军肯定要胜过任何一个民兵组织"，而且在那些"最乐于为公民社会提供支持"的绅士与贵族的指挥下，军队"不但不会威胁到公民的自由"，还会更加"有利于保护人民的自由"。[54]七年战争期间，陆军中还涌现出了一批英雄人物，如魁北克战役中的沃尔夫(Wolfe)和德国战役中的格兰比(Granby)(这场战役本来并不太被人看好)。此外，尽管英国在美国独立战争中总体失利，但埃利奥特(Eliott)却率领陆军在直布罗陀保卫战中获得了史诗般的胜利。1793—1815年，出于对法作战的需要，英国出动了大量的人力，许多精英人士也加入了战斗的队伍，他们不仅为正规军补充了兵力，有的还在民兵组织中担任军官，或是加入了国防兵或志愿兵队伍。人们不再把军队当作国家镇压群众的工具，而是当作为了维护正常的社会秩序所做的必要的战力储备。在爱尔兰，军队经常参与国家的日常管理。在苏格兰，一位助理法官在美国独立战争结束后对英国的大臣们说：1100人的正规军队伍并不足以满足"保障收益与维护和平"的需要。[55]在英格兰，军队通常是用来平息骚乱的。1775年后，英国对美国实行的强制手段不仅是出于维护帝国统治的需要，也是为了打击那些危害不列颠群岛和殖民地社会稳定的反动力量和反动学说。而这些来自数百万印度子民的威胁不可能指望通过几百年的专制统治就自行消灭，他们也不可能因为受到了新任统治者的某些恩惠就变得俯首帖耳。

Ⅵ

后来人们也都接受了在印度及日后世界其他地区有这样一个新的专制帝国的存在，如果说这种态度上的转变看起来刚好符合了英国本身价值观的转变，那么这种转变一定只是程度上的变化，而不是彻底的变革。英国人依旧认为自己是一个自由的民族，尽管他们只是用相对保守的方式对自由重新作了定义，而不是在美国与法兰西共和国的基础上对自由进行改良。英国的航海传统依旧是英国自由的重要组成部分，蓬勃发展的商船航运业以及世界上最具实力的海军就是最好的例证。大英帝国将自己的英国式自由充分赋予了英属北美殖民地的民众及后来的白人定居者。大英帝国在 1833 年就彻底废除了奴隶制。起初人们认为，大英帝国虽然在印度标榜改善国民状况却不给予他们参政议政的权力，这种专制统治简直骇人听闻，可在今天看来这样的做法似乎并无大碍。从 18 世纪 70 年代开始，人们就常常将英国与罗马这两个称霸世界的帝国进行比较，并且认为，英国人民能够捍卫自由，他们不会像罗马帝国那样因为统治了其他国家而走向衰败。[56]

还有一些人对此持不同意见。威廉·科贝特（William Cobbett）在1813年写道："东印度公司"对印度的管理体制"实在让我反感至极"，它所发动的战争导致了多少"血流成河与满目疮痍"。在国内，它简直就是"与人民自由为敌的一股强大力量"，[57]至少后世也有少数人抱有同样的想法。他们质疑称，一个帝国如果在一定程度上依赖武力、时常发动战争且对子民存在种族歧视，这难道不是有悖于英国式自由吗？这样做难道不会损害到国家利益吗？这些问题也成为19世纪后期公众争论的主要议题，尤其是关于南非战争的讨论尤为激烈，历史学家至今还在为此争论不休。但无论人们支持何方观点，总有很大一部分英国人认为自己是独一无二的自由民族，并且认为只要帝国存在，它就永远代表着英国式自由，它所依托的就是海洋、商业以及强大的海军力量。

第四篇　货物——从亚洲到欧洲的奢侈品贸易

玛克辛·伯格

众所周知，1792—1794 年，英国特使马戛尔尼(Macartney)勋爵对中国的造访以失败而告终。英国在其工业和殖民历史的关键时期，未能成功打开中国的大门。马戛尔尼曾面见乾隆皇帝，表示希望能在中国设立常驻使馆，并希望开放更多的通商口岸(当时英国只能通过广州口岸与中国保持有限的联系)，以方便英国货品进入，但却遭到了拒绝。在乾隆帝看来，“我们从不稀罕什么精巧的物件儿，对你们国家制造的东西也没有一丁点儿兴趣”。在此后的两个世纪里，中国一直以此为由，拒绝来自西方的贸易和科技。[1]

其实，特使的那次造访是英国同中国和印度开展长期贸易以来最隆重的一次(我称这一时期为亚洲世纪)。中、印两国的商人积极响应西方国家的市场需求，为他们建设或改造生产基地；另外在欧洲，一些公司和商人也会针对这些商品开发消费者市场。虽然这种贸易方式在整个欧洲早已有之，但它真正对欧洲的物质文化产生较为广泛的影响是从 17 世纪中叶才开始的。当时的英国正在实现两个重要的转型——消费者行为转型和工业化转型。工业化转型的一个主要内容就是，通过转变纺织业、陶瓷及玻璃制品行业以及实用金属与装饰用金属制品行业的生产过程，创造出新的产品。中国与印度成功打造了以奢侈品和消费品为主的外销产业，产品引起了西方消费者的极大兴趣，然而到了18世纪后期，英国推出了自己的新版消费品，这些现代优质商品不仅在国内占据主导地位，还风靡欧洲、美洲及帝国其他地区的消费市场。

英国在亚洲世纪同亚洲国家开展的贸易在进口商品领域产生了巨大的影响。这些进口的产品既不是经济史学家们常说的平价的普通商品，也不是粮食、钢铁或普通的纺织品，而是一些无关紧要的物品，或者是奢侈品，要么是茶叶、瓷器、印花布和细棉布。欧洲与亚洲开展的奢侈品贸易掀起了一股泛亚奢侈品贸易的潮流，并且持续了很长一段时间。中国、日本和印度很早就掌握了有关消费品和奢侈品国际贸易方面的专业知识。早在10世纪以前中国和印度就开始向中东地区输送上等产品了。牛津大学的阿什莫林博物馆至今还陈列着当时进口的印花棉织品，这些商品当年就是从古吉拉特邦销往亚历山大港的。自从瓦斯科·达·伽马（Vasco da Gama）发现了从好望角去往东方的路线之后，葡萄牙人就可以绕开奥斯曼帝国控制的通往地中海的红海商路了。自从和马鲁古群岛开展香料贸易以后，英国又进一步与东亚国家建立了利润丰厚的奢侈品贸易往来，并且开始接触东南亚当地的消费文化。他们用来交换香料的主要商品就是产于印度和中国的纺织品。东南亚形形色色的文化群体对衣着服饰极其讲究，而且会用非常华丽的面料来装饰房屋和公共建筑。纺织品不仅是一种财富储备的手段，也是婚礼等仪式场合用于交换的物品，甚至用来包裹逝者的尸体。[2]

那么欧洲是如何同印度及中国庞大的产品外销部门建立起联系，并将东南亚的异域商品、奢侈品和优质消费品文化带到欧洲的呢？尽管探险家们的发现之旅让欧洲人初步接触到了亚洲的一些消费者行为——对西方人来说，这些行为既奇特又奢侈——但即便是现在，我们对这种消费文化还是知之甚少。欧洲人在印度和中国不仅发现了奢侈品与收藏之物，还发现了一些虽然收入水平中等但却崇尚精致消费文化的大城市。在中国苏州，百姓制作的服饰雍容华贵，竞相媲美，人们在衣着方面的花销异常奢侈。中国一些超大城市的专业人士和商贾也极其热衷搜罗来自各方的尖货。在精英阶层，人们完全可以从一个人的品位和社会地位上来判断他是尊贵的高雅之士还是腰缠万贯的俗人。[3]此外，有关明、清奢侈品的讨论也同样反映了现代早期欧洲社会对服饰与禁奢文化的焦虑。[4]

17 世纪以前，欧洲对这种大规模生产的外销精品器物只有过零星的接触，而且比较有限。当时的商品是通过丝绸之路以及与那些在奥斯曼帝国境内开展贸易的商人的接触来完成交易的。但 16 世纪新航路开辟以后，贸易规模迅速扩大，为了满足泛亚贸易圈的需求，外销器物开始投入大规模的周期性生产。在印度，以出口为导向的纺织品领域开始针对欧洲市场的需求，在产品的风格与主题设计方面做了一定的调整，形成了面向欧洲市场的东方设计风格。亚洲最重要的工厂制品就是印度生产的印花棉布和中国生产的瓷器，因为这些产品不仅为欧洲的物质文化带来了转变，而且对工业革命本身也起到了激励作用。虽然印度的印花棉布由小作坊负责生产，但当时的印度已经出现了区域专业化、劳动分工以及精密的信息流动网，而且这种原始的工业化生产方式甚至超过了欧洲工厂化之前的纺织品生产水平。[5]与印度不同的是，中国的外销瓷器都产自同一个大城市——景德镇，那里只有中等规模和大规模的窑炉才有能力生产外销瓷器。

I

面向欧洲的产品生产被纳入泛亚贸易圈的长期性周期生产中，生产工艺经过不断改良，能够适应并满足从中东到日本等不同社会、不同宗教以及不同民族团体的喜好。印度最著名的棉产区是旁遮普、古吉拉特邦、科罗曼德尔海岸和孟加拉。早在与欧洲通商之前，旁遮普就开始同阿富汗、波斯和中亚地区开展商队贸易了，它还同波斯湾建立了海运贸易关系，将大量的棉花供应给这些地区。产自古吉拉特邦的白棉布、条纹及格子图案的棉布被销往中东。印度南部及孟加拉生产的优质棉布在中东、东南亚及远东地区也有很好的销路。生产过程是高度差异化的，任何一块印花棉布在出厂前都要经过农场种植、采棉、去籽、起毛、纺纱、编织、漂白、印染、上色、加光到最后修复等多道工序，而且每一步都有专人负责，每一道手艺都只在同一种姓内部世代传承。[6]

这些以纺织品出口为导向的地区能够迅速吸纳欧洲的风格图案，并做出调整，进而形成一套面向欧洲市场但具有东方风格的新设计方案。在印度有一些独特的工业区。东印度公司的英国商人通过设立在苏拉特、马德拉斯以及孟加拉地区的商馆进行贸易。古吉拉特生产的印花布售价只有孟加拉细棉布的一半，而且比马德拉斯出售的科罗曼德尔印花棉布还便宜1/3。在东印度公司1664年从亚洲进口的产品中，来自苏拉特的货源占到了50%，孟加拉只有9%；而到了1728—1760年，孟加拉供应的昂贵的优质面料就达到交易总量的60%至80%了。[7]这些地区产能巨大，完全能够满足市场对不同种类、质量、式样以及不同匹长和幅宽的布料的需求，其多样化程度完全不亚于20世纪的全球市场。

在尚未同欧洲开展大规模贸易之前，亚洲（尤其是中国）的生产商就以其独创的生产技术和经营规模而远近闻名了。据说，瓷都景德镇在14世纪末的工业生产规模已高居世界首位，窑炉总量超过了1000座，工人多达7万余名，其生产工艺甚至领先于现代化生产线。大多数外销的瓷器、宫廷专供的上等瓷器以及家用的精美器皿全都产自这座城市。景德镇是历史悠久的制瓷中心，尤以生产青花瓷(在釉下施以蓝白色图案的彩瓷)而闻名，早年这里生产的瓷器在14世纪就被传到了西方。[8]17世纪早期，荷兰东印度公司有意购买景德镇瓷器，他们在万丹的代理商报告称："我们特此通知您，该瓷器产自遥远的中国内陆，各式商品由我方承包转售。鉴于此类商品在中国非日常使用之器物，如欲购之，需预付钱款，方可投入生产。请知悉。"[9]

那么亚洲的这些外销器皿是如何被售卖到欧洲的？亚洲一方的生产者和商人是如何组织贸易，欧洲的商人和政府又是如何组织欧洲一方的贸易的呢？东印度公司的商人若想同欧洲开展印度印花布贸易，首先要在港口联系印度商人。接着，这些印度商人再雇用一些中间人或代理人，由他们负责在偏远地区寻找擅长生产该面料的织工，并预付钱款。这种预付款制度在法律上确保了织工能够在合同约定的时间内交付布料。整个体系有赖于一套联系紧密的信息网络，该网络汇集了各城镇及乡村的织工信息(这些织工需具备熟练的专业技能和可靠的个人品质，并能确保按时交付品质和式样都符合要求的产品)，而中间人只要负责到纺织品的生产地找到这些织工就可以了。

在生产流程方面，似乎并不需要做太多改变就可以满足欧洲的需求，反而可以从普通家庭和乡村联络网中吸纳更多的劳动力。印花棉布的印染及着色技术在19世纪以前的欧洲几乎无与伦比。有了精明能干的印度商人、高度分散的组织结构、印度工匠的精湛技艺、集中式的通信手段以及东印度公司充足的资金保障，印度的纺织品得以走进了欧洲的千家万户。[10]我们再把目光转向中国，会发现欧洲的商人从未去过瓷都。那里距离唯一的通商口岸广州路途相当遥远，并且经水路与南面的南昌和北面的南京相连。当时所有面向欧洲的贸易都是经由行商完成的，行商把控着广州的贸易，并且替清政府扮演着中间人的角色。这套生产和分销体系灵活度较高，足以应对 17、18 世纪急剧增加的订单需求；此外，生产者也很善于模仿欧洲市场流行的产品形状与设计。1777—1778 年，经欧洲东印度公司运输的陶瓷器就多达 800 余吨，其中近半数是销往英国的。[11]

Ⅱ

16 世纪 60 年代开始，葡萄牙人将好望角航线的大部分贸易转与私人团体经营，而其他欧洲国家则开始通过东印度公司开展贸易。成立东印度公司的目的就是向欧洲市场输送亚洲的产品。英国与荷兰的东印度公司成立于 17 世纪初，目的是直接交易。同亚洲开展贸易存在很大的不确定性，因为成本过于高昂，而且所需的资源只能通过政府部门或者大的商业公司进行调配。此外，贸易伙伴远隔万里，这意味着更长时间的航行、更大的船只以及更多的资金保障，这些都是不得不考虑的问题。[12]

英国东印度公司于1600年获得了特许状，1650年和1709年公司经历了两次洗牌，最终于1858年被解散。荷兰东印度公司(简称VOC)成立于1602年，1795年公司解散时还负债1.2亿荷兰盾。此外，法国、丹麦和瑞典也都成立过东印度公司，还有一个短命的奥斯坦德公司。奥斯坦德公司成立于南尼德兰①，首航是在1715年；十几年来该公司一直被奥地利人当作方便旗来使用，专门服务于那些垄断企业以外的欧洲个体商人。[13]

东印度公司通常会选择那些他们只占现有大规模贸易中一小部分的地区进行贸易。商船带着从阿姆斯特丹、加的斯或者塞维利亚购买来的银条，到了印度和印度尼西亚，欧洲的商人们就会购买一些纺织品、香料、陶瓷器、茶叶和子安贝壳，带回欧洲和非洲售卖；到了中国和日本，他们又会购买一些丝绸、瓷器、漆器以及一系列装饰性的高档商品，还有茶叶。在中国，只有广州口岸向欧洲商人开放。东印度公司的每艘商船都配有一名负责事务管理的“押运员”，他们集商人、船舶经理和外交官角色于一身。“押运员”再同中国的行商进行联系。行商是官方机构十三行(又称公行)的一个组织。所有贸易都无一例外地通过这一组织来开展，不允许同中国其他私人商贩或较小规模的零售商直接交易。“押运员”

① 即今天的比利时、卢森堡等地。——译者注

会提前两年在景德镇签下瓷器订单，他们会订购一些造型奇特、装饰精美的商品用于“私下交易”，同时也会订购一些标准规格的产品，在东印度公司拍卖。此外，“押运员”还会跟随行商一起走访广州 100 来家成品店。他们会从印度和中国带回想要的样品或式样，然后由经验丰富的外销商品制造中心负责生产。

1751 年，马拉奇·波斯尔思韦特(Malachy Postlethwayt)在其著名的《通用词典》(*Universal Dictionary*)里对英国东印度公司做了如下生动的描述：

> 这是英国最繁荣的贸易公司，也是欧洲拥有大量财富、权力以及豁免权的最了不起的公司之一；他们有随时可以调用的商船，在国外有可以利用的定居点，在国内有大型弹药库及存储商品用的仓库，还可以进行货品买卖，甚至连法令法规都对他们大开绿灯。[14]

这是一家存续时间长达 250 年的公司。早年，公司的资金总量仅为竞争对手荷兰东印度公司的 1/10。到了 17 世纪末，公司决定出口美洲的白银，同时进口棉布布匹、生丝、胡椒和靛蓝染料，最终换回咖啡和茶叶。公司在古吉拉特邦和科罗曼德尔海岸换来丝绸和棉布后，再拿到印度尼西亚销售。他们还在古吉拉特邦的商业中心苏拉特以及印度北方城市拉合尔①和阿格拉修建了工厂。从1651年起，公司先后在孟买、马德拉斯以及孟加拉的胡格利港修建了工厂。

截至17世纪80年代早期，东印度公司交易的白棉布就突破了百万匹。直到17世纪末该公司才开始同中国建立直接的贸易关系。中国的货品要么在亚洲其他口岸进行交易，要么从荷兰手中购得。与广州开展的贸易主要是丝绸、瓷器及少量的茶叶——17世纪末，饮茶习惯才开始在欧洲流行起来。[15]到了18世纪初，东印度公司已经是一个相当庞大的组织了。1708年其股份价值就高达330万英镑，拥有股东3000名。仅1744年，公司派往亚洲的大型商船就多达20艘至30艘，年销售额高达125万至200万英镑。[16]18世纪20年代，英国东印度公司在销售额上就已超过对手荷兰，也正是从18世纪初开始，英国东印度公司在收益上明显超过了荷兰。他们开始大举进军棉布和丝绸纺织品市场，主要将这些纺织品销往欧洲和西非地区(那里是他们以前做奴隶贸易的地方)。

Ⅲ

下面我们就以瓷器这种商品的贸易为例，介绍跨境贸易的交易过程及其对欧洲和中国产生的影响。在欧亚贸易中，虽然瓷器占比从未达到过2%，但流入欧洲市场的瓷器数量

① 今属巴基斯坦。——译者注

却多得惊人，并且产生了极大的影响。当时正是欧洲的“中国时期”，设计领域正流行“具有中国特色的艺术设计风格”。17 世纪初到 18 世纪末，荷兰东印度公司总共进口了 4300 万件瓷器。而英国、法国、瑞典及丹麦的东印度公司也承运了 3000 万件瓷器。[17]虽然在 18 世纪的大部分时间里，瓷器进口仅占英国东印度公司进口总量的 1% 至 2%，但其价值却经常高达 7000 英镑至 12 000 英镑，在交易高峰期，商品价值甚至远高于此。[18]18 世纪早期，英国每年进口的瓷器数量为 100 万件至 200 万件，其中又有 10 万件转销至英国各殖民地。[19]瓷器很早就被带到欧洲了，一部分是通过东印度公司官方进口的，一部分是通过私人买卖的。东印度公司商船上的一些官员和海员享有一定的特权，他们可以携带 80 吨私货，比如一些装饰或观赏用的瓷器、徽章纹瓷器、餐具以及茶具，同时还包括漆器、扇子、彩绘玻璃制品、纸张、席垫、黏土人像、家具、绘画、波斯毯以及钻石等。18 世纪 70 年代，英国东印度公司对官方进口的商品进行了限制，仅限进口茶叶、丝绸及标准化生产的陶瓷制品。[20]因此，在“官方”贸易与私人贸易的共同作用下，各种标准品质的精美器皿和高度多样化的特色商品走进了欧洲的大门。

我们知道，英国东印度公司的贸易重心从 18 世纪 80 年代开始转向了中国，进口商品主要集中在茶叶上。截至 19 世纪 10 年代，来自广州的商品占到了公司在伦敦销售收入的 67%。随着 1784 年《皮特折抵法案》(Pitt’s Commutation Act)

的颁布，茶叶贸易获得了巨大成功。1788 年，公司的一位前董事写道，茶叶已然成为“英国全民的食粮”。[21]但早在饮茶尚未在欧洲普及之前，用于置茶、奉茶及饮茶用的陶瓷茶具就已从上流社会流入了普通百姓家，其影响范围之广远远超乎我们的想象。截至 1720 年，在伦敦的中产阶级中约有 1/3 的家庭备有这样的瓷器。根据对 18 世纪中叶肯特郡遗嘱和财产目录清单的抽样调查显示，有一半的人拥有新的陶器。此外，瓷器还被走私到爱尔兰；每当有东印度公司的商船登陆，并在爱尔兰的科克、都柏林及内陆城镇拍卖他们带来的物品时，都会有民众前来围观。[22]到 18 世纪，亚洲的商品，如茶叶、纺织品、瓷器、漆器及各类摆件、药剂及染料已经成为欧洲物质文化不可或缺的一部分，也成为全球贸易中较为普遍的商品。

为了能够更加详细地了解这一贸易机制，我们不妨来看一下英国商人纳撒尼尔·托利亚诺(Nathaniel Torriano)的航运记录。翻开托利亚诺的第一篇航运记录，我们仿佛来到了一个亚洲奢侈品贸易的微观世界。托利亚诺于 1718 年 1 月乘坐一艘东印度公司商船从朴次茅斯起航；作为一名“押运员”，他单独准备了一本账目用来记录私人交易。6 月 4 日，他到达巴达维亚①，帮别人购买了一些白棉布后，又继续航行，于 8 月 20 日抵达广州。他很快与著名的行商皮克尼·周

① 即今天的雅加达。——译者注

夸(Pinkey Chougua)①取得了联系，订购了大量商品。11 月 18 日，他花了 32 镑 12 先令② 2 便士购买了 4720 件不同颜色的盘子、金边大酒杯、茶杯、碟子和巧克力杯。此后的几天，他和周夸一道外出采购，第一天花费 7 镑 14 先令 8 便士，购买了一些用于茶桌、手桌、甜品桌、茶几和牌桌上的漆器，还买了一些丝绸和塔夫绸。在后面的两天，他又花了 50 英镑用来购买丝绸、刺绣以及茶叶，外加 2000 只盘子、罐子和巧克力杯。

1719 年 1 月 22 日，托利亚诺启程返航，于 3 月 29 日到达好望角，4 月 18 日到达圣赫勒拿，最后于 7 月 14 日抵达伦敦。在此后的一整年里，他详细记录了从他这里购买这批瓷器、丝绸及漆器的每一位客户的信息。1720 年 7 月 23 日，他卖掉了最后一批货，将 18 只盘子以 1 镑 13 先令的价格卖给了柯蒂斯(Curtis)夫人，她很可能是一位瓷器商贩。[23]当时像托利亚诺这样的人还有好几百个。

Ⅳ

欧洲的东印度公司积极地参与新产品创造，规划设计方

① 此处为音译。有关该名字的文献极其有限，本文沿用了玛克辛·伯格的《奢侈与逸乐：18 世纪英国的物质世界》(中国工人出版社，2019 年，孙超译)中的译法。——译者注

② 先令是英国的旧辅币单位。1 英镑＝20 先令，1 先令＝12 便士，在 1971 年英国货币改革时被废除。——译者注

案与配色方案。他们在欧洲精心培育市场，将产品率先拿到大城市的奢侈品市场售卖，并根据客户的不同需求，将瓷器投放给需要茶具和餐具的贵族与中产阶级。在成功地将收藏用的奇特艺术品普及为具有时尚品位的消费品之后，他们又开始扩大商品的品质范围。从瓷器的例子中，我们基本可以看出外销商品的大致情况，商品的分销具有高度的集中性。在英国，东印度公司每个季度都会在伦敦举办一次拍卖会，并根据拍卖会上的销售量调整亚洲终端的贸易量。拍卖会上还会拍卖一些绘画作品、雕塑、书籍印刷品、古董及奇珍异品等。中间商会从拍卖会上购进大量商品，然后转卖给其他经销商。经销商通过在各地出版物上刊登广告，将大批的商品寄售出去。1780 年以前，伦敦的瓷器和陶器经销商约有 200 家，他们手中的股票价值通常可以达到 2000 英镑至 3000 英镑；即便是首都以外其他地区较小规模的经销商，他们拥有的股票价值也可以达到 300 英镑至 700 英镑。[24]

正如我们之前在外销瓷器的案例中所看到的那样，大批产品都来自同一个中心——景德镇，那里的御窑厂与民窑联系非常紧密。明末清初，御窑厂经历了改建重组，在中国与欧洲保持广泛贸易往来的 100 多年里，御窑厂在京城官员的把控下得到了蓬勃的发展。于是，优质的产品除了可以满足宫廷的需要外，还可以满足出口贸易的需要，同时通过产品输出获得了高额的税收收入。[25]

17 世纪的一些大事件与市场状况犹如加速社会发展的催

化剂，使得18世纪欧洲大规模地开展进口贸易成为可能。瓷器之所以能够作为主要的进口商品进入欧洲市场，不仅在于欧洲单方面的需求以及欧洲东印度公司的努力，还有赖于中国发生的一些大事件以及生产能力和市场状况的变化，同时还与日本的消费者市场有关。17世纪早期，宫廷对瓷器的需求量和资金投入开始下降，这与明朝开始走向衰落不无关系。但中等规模的民窑适时调整了生产，以适应大量来自国内市场的需求以及新兴海外贸易的需求，尤其是来自日本与荷兰的订单需求。民窑的工匠们根据非宫廷订单的要求，在产品设计、产品数量和质量上及时做出调整。中国的瓷器制造者促进了日本饮茶文化的精细化发展。在这关键的40年里，他们提供了出口品质的器皿，很多产品都只有少量供应，甚至只是专门为某些茶艺流派量身定制的式样。除了这种品位独特的外销瓷器外，中国的窑炉还烧制了大量品质优良、符合标准化设计的青花瓷和厚胎瓷①，以满足人们的日常需求。[26] 不久，日本也开始自己烧制瓷器，在明清战争期间销往欧洲和南太平洋市场。

中国的民窑在为日本双重市场组织生产的同时，也在开发一种新产品，以满足国内及欧洲市场的不同需求。明朝后期，复古之风开始在一批新兴的富人中间盛行开来，他们希望自己把玩的器物能够体现传统文人雅士的品质特征，这无

① 中国古籍中又称“胎瓷”，西方称为“炻器”。——译者注

疑为高品质的商品打开了一个新的市场。于是，商贾们利用这一转变，将内销的优质品生产转变为又一个商品外销的良机。他们还将优质的器皿外销至荷兰，虽然产品外形是根据样品形状烧制而成的，如啤酒杯、烛台、芥末罐或烧杯，但装饰风格却带有明显的中国特色，极大限度地满足了欧洲买家的审美需求。因此，嗅觉灵敏的中国商贾和贸易组织将这种带有文人雅士之风的优质器皿分别推向了两个市场——国内市场和急剧扩大的外销市场。[27]

明末清初，民窑迅速调整瓷器的设计和营销策略，积极应对外销机遇。新兴市场的出现以及景德镇的改造也刺激了新技术的发展。正是因为新窑炉的修建并投入使用，才使得外销瓷器的产量有了大幅度的提高。明朝末年，蛋形窑得到普及，这种窑炉可以比其他种类的窑炉节省更多的能源，而且窑房可以密集排列。截至 1743 年，两三百处窑厂共计 10 万余名窑工一起生产，制瓷规模从此扩大，烧制工艺也得到了提升。[28]

18 世纪出现了非常明确的劳动分工，并且颁布了相应的行业制度。据传教士昂特雷科莱(Entrecolle) 1712—1722 年的著名信札①里记载，景德镇窑数已达 3000 座，而且普遍实行了劳动分工。信的后半部分还写道："这些器皿在工人手中传递的速度如此之快，简直令人叹为观止！据说，一件瓷器在制成前要经过 70 个工人之手。"印花、坯模及装饰等工序全部

① 1712—1722 年揭秘瓷器全部制作工艺的著名信札。——译者注

由一套模块化的体系来完成。大规模生产所采用的模块化体系、精细的劳动分工以及集中分布的官窑厂和民窑全部集聚在同一个中心——景德镇。这种外销至全球的器皿让原本被欧洲人用来收藏的珍奇之物摇身变成了表现日常客套和体面社交的道具。

V

亚洲凭借其先进的生产流程和优质的产品向全世界推广了一种理念——准奢侈品精品是可以融入日常生活的。产品在创造、生产到分销至欧洲商人的每一个环节都获得了成功，但这一成功对欧洲和中国产生的影响却不尽相同。那些进口到欧洲的商品催生出了一些仿制品行业，激发了欧洲人的品质意识和一种新的中产阶级消费市场意识。很快，欧洲便有了自己的瓷器制造商，在英国也诞生了一批陶器生产者，这对中国的外销商品来说无疑是一种挑战。而在中国，虽然产品外销带来了机遇，但却未能促成行业的扩张，也未能使更多的产品走出国门，因为中国与欧洲的贸易越来越集中在茶叶领域。

第五篇　海事网络与知识的形成

理查德·德雷顿

海洋就是一个人类意志与不可抵抗的自然规律相斗争的地方，水手们对此深有体会。身处北极，面对眼前的茫茫海景，弗罗比舍(Frobisher)不禁慨叹："洪水和洋流竟能冲刷出如此惊人的航道，莫测的深水竟能翻起如此滔天的巨浪。"在拉布拉多洋流面前，他不禁引用了贺拉斯的那句话：**"你虽然能用杈子赶走自然，但它还会一路奔来。"**①意思是我们虽然可以用武力将自然赶出门外，但它依旧会回来。[1]本书将探讨知识是如何形成的，探究英国人(但不仅是英国人)是如何借助大海中的自然力量创造知识并构建帝国权力的。我们将先从自然因素入手，再探讨文化与思想因素。在这一过程中我们会看到，网络犹如一个系统，它既能对重复的事物进行联系，又能对相互联系的事物进行重复。我们将了解网络在知识、商业与权力的形成过程中所起到的作用。这些观点或许将是对大英帝国史主流看法的一个挑战。

---

① 原文为拉丁语 *Naturam expellas furca licet, tamen usque recurrit*。——译者注

I

在关于大英帝国历史的研究中，唯心主义历史观在近15年里有所抬头。这里所说的唯心主义自然是指将心灵或精神放在首位的一种哲学方法。我们会看到，一些后殖民主义者不但关注英国人是如何看待殖民者的，还关注文化刻板印象下的(后)帝国生活。还有人提出了大英帝国的意识形态起源，认为殖民冲突是英国人在国内对社会阶层进行想象的结果。另外一些人则提出了“自由帝国主义”的概念，试图重新利用辉格史观研究法研究大英帝国的历史。

与此相对应的是唯物主义历史观，这种观点认为在人类主观性与能动性之外还存在着某些结构性的事实，这些事实为历史的形成设定了参数。需要注意的是，不要将唯物主义历史观与下面这个假设相混淆，这个假设认为，政治形态或文化形态是由某种经济或社会结构以一种机械的方式来决定的。然而，在某些特定的历史背景下，的确存在不同的作用力和发展趋向，这些作用力和发展趋向会作用于宇宙间无限的历史可能性之上，进而影响到事件发生的概率、可能导致的结果、事件的局限性或影响范围。这其中或许存在某些意识形态或文化方面的因素，但它们与物质事实并无差别。正如韦伯(Weber)所言：“直接控制人类行为的不是想法，而是物质利益和理想利益。而在大多数情况下，我们的行为会受到不同利益的驱使，我们如何看待这个由想法创造的世界决定了我们的行为轨迹，就如同扳道工决定列车朝哪个方向行进那样。”[2]然而，在某一特定的历史时刻，为什么会出现轨道、火车或者扳道工？帝国权力支配下的人民是将这段经历视为特权还是附庸，视为财富还是夭折的婴儿，他们到底怎么想？人们是如何创造出各种知识的，他们知道什么、相信什么又想到了什么？我们将从自然因素出发，继而探讨诸如意识形态、政府或经济等人为要素是如何应运而生的，正是在这些要素的共同作用下，人类认识了世界。

我们不妨先来看一些严重的视差错误，之所以会产生这些视差错误，是因为我们总是习惯于站在维多利亚鼎盛时期的高度来看待历史。我们对欧洲扩张(尤其是早期现代帝国)的理解大体是受到了19世纪以后的世界历史的误导。在现代社会早期，欧洲人只擅长航海和炮术射击，海洋是他们赖以生存的资本。然而相较于在海边或大河河口进行贸易的能力而言，他们向内陆地区挺进的速度却相当缓慢。直到很晚，人类才在短时间内迅速掌握了19世纪的运输、武器和生产技术以及对化石燃料的利用技术，这才创造了我们想象中那种体现帝国关系的支配能力。人类开始努力将自己的力量强加于自然规律之上。然而即便有了蒸汽机甚至喷气式发动机，人类还是只有在顺应自然的能量流动和自然阻力的情况下才能事半功倍。

海洋史中最重要的物质参与者就是移动的大陆板块以及

流动的风和洋流。太阳是最初的能量源，空气受热后在温度最高的赤道地区上升，在高纬度地区又冷却下沉。由于地球绕地轴自西向东地转动，因而北半球向南流动以及南半球向北流动的低温气流就会发生自东向西的偏转，我们称为科里奥利效应。由此形成的大洋表面空气的快速流动在北半球称为东北信风，在南半球称为东南信风。它们与高空的反向气流形成一条闭合的环流。南北半球较高纬度地区盛行的西风在极地附近同与之抗衡的东风相互冲抵。同时，太阳的热量使得海水升温，盐度较高的暖流在流向南北两极的过程中一路冷却下沉而流向海底。300 万年以前，由于一块较不稳定的地壳抬升，将原本分隔开来的尼加拉瓜与哥伦比亚联结了起来，这块抬升的地壳就是今天的巴拿马和哥斯达黎加。南北美洲大陆桥的出现(以及加勒比海盆的形成)给世界气候带来了巨大的变化。它将大西洋与其相邻的海域分隔开来，这样较小的那个大洋在夏季里积聚的盐分和热量就不会被稀释。在北部，一股温暖的咸流穿过古巴与尤卡坦半岛之间的缝隙，与密西西比河沉积的淤泥相混合，在佛罗里达附近发生偏转，形成了墨西哥湾流，这一湾流随后在北大西洋水域冷却下沉，将水流向南推进，在南大西洋附近弯转汇入另一支环流，直到来自北极的水体流入南极，又从另一支环流中携带一部分水流继续向东流入印度洋、太平洋，一部分支流向周围及北部弯曲，在好望角附近，厄加勒斯暖流与本格拉寒流交汇，穿过巴西和加勒比地区，进而完成了海洋学家所谓的“全球海洋传送带”。无论处在海洋的哪一片区域，其他环流都会对这一全球的水循环过程产生推力或阻力。

这些能量流动确定了人类历史最有可能发生的地点和发生的方式。自然的能量流动尽管会遭遇人为的抵抗(如时常会有“逆风”“利用盛行风抢风行驶”的做法)，但却能在某些事件的发展路径以及某些事件的参与、发展及对峙的特定时间点上起到助推作用。任何一个结构复杂的事物都存在有利于事件发展的区域(即快速通道)和事故多发的区域。了解了加那利洋流，你就会知道为什么当初伊比利亚人要冒险前往马德拉、加那利群岛和亚速尔群岛。跟随东北信风的行进路径，你就会明白为什么加勒比地区和巴西会成为欧洲人在新世界进行殖民探险的首选区域。知道了信风和赤道洋流的方向，你就会明白贩奴船为什么会选择这样的行进路线。当年载着秘鲁银器的马尼拉大帆船就是顺着太平洋的南赤道洋流一路前行的。认识了印度洋的赤道逆流，你就会明白为什么毛里求斯被称为**“印度群岛的钥匙”**[①]。跟随墨西哥湾流，你就会明白为什么加勒比地区与欧洲之间的通路经常会有北美沿海地区的人们穿过，为什么朗姆酒会成为美国独立战争背后的关键商品。

① 原文为法语 *clef des Indes*。——译者注

Ⅱ

我们不妨深入分析一下海洋的这些能量流动是如何塑造加勒比地区的历史的。流入加勒比海的将近70%的水体都来自南部地区。[3]圭亚那洋流裹挟着从安哥拉朝西北方向流向巴西的暖流，同亚马孙河与奥里诺科河的淡水混合，沿南美洲的大西洋洋面一路向北，流向安的列斯群岛。它的流速约为每小时24千米。但当4月和5月河水泛滥时，水流速度可以达到每小时100千米，直接将奇特的淡水透镜体冲离岛屿，冲进远至多巴哥的大洋。[4]当年那些逃跑的奴隶和恶魔岛的囚犯正是渴望借助这支洋流的力量来实现自由梦想的，因为如果幸运的话，在合适的季节，他们的船筏就可以被冲到一片淡水区域，顺利地漂到委内瑞拉的安全地带。这条强劲的河流与岛链周围凸起的海床相撞，分成了三部分。[5]靠外侧的主要分支不再流向加勒比海，而是发生偏转，朝正北方向流去，与来自北大西洋的低温水流相遇，其中一部分滑过岛链中岛屿间的缝隙，有些强行进入波多黎各海沟和阿内加达海峡，这里是深海洋流汇入加勒比海盆唯一的开放通道，其余水流则向北流入马尾藻海。靠内侧的一支细流被挤过委内瑞拉与特立尼达岛之间的瓶颈，从一个被哥伦布称为“龙嘴”的地方流出来，以每小时50千米的流速向正西方向的荷属安的列斯群岛流去。

但在这两股水流中间，还有第三支比重较大的水流一路穿过格林纳达、圣卢西亚和圣文森特周围的暗礁，形成了加勒比洋流：这股向西推进的强劲水流冲撞着墨西哥、危地马拉和大安的列斯群岛间隆起的山脉，一部分水流反冲回来形成一股逆时针方向的洋流。这股洋流一路向南推进，经过哥斯达黎加海岸后，便可轻松地将船只送往巴拿马和哥伦比亚；其余水流在冲过古巴与墨西哥之间的缝隙后，较小的一支向西的水流按顺时针方向沿墨西哥海岸流向得克萨斯，其余水流则与密西西比河汇合，最终形成墨西哥湾流的暖水舌。

这些水体和能量的流动表明，形成加勒比地区环境的主要因素来自南美洲而非北方大陆。生物学家们在寻找原始动植物的起源时几乎只去南美洲。1918 年，古生物学家威廉·马修(William Matthew)在一篇经典论文中写道：即便在古巴——掠过北美大陆松林的风都会吹向这里——大部分动物群也来自南方，或许只有一些海龟和食虫动物除外。[6]后来的研究(包括那些采用最先进的 DNA 技术的研究)都证实了马修的猜测，只是在南美洲物种是如何迁移这一问题上还存在分歧。一种观点认为，物种迁移是通过“地理分隔”来实现的，生物学家认为，当时的生物是越过了历史上曾经存在一时的大陆桥而到了另一侧；另一种观点认为，物种迁移是通过“扩散”来实现的，即生物是在水和风的裹挟下被迁移到了另一侧。[7]支持第一种观点的人们认为，在大约 3500 万年以前，位于南美大陆与大安的列斯群岛之间的阿韦斯海岭发生了抬升，形成了一段桥形地带，低矮的海平面得以与抬升的海岭相接，为动植物物种的迁徙提供了可能。

然而，只要看一下动物的骨骸以及活体生物的基因，科学家们就会发现，这种水陆连接的说法只能解释一部分原因，于是他们转而思考水流的扩散作用对动物分布的影响。[8]强大的圭亚那暖流会将大量的泥土和树木直接冲到小安的列斯群岛，随之被冲走的还有动物，尤其当亚马孙河和奥里诺科河这样的大河汛期到来时更是如此。历史上曾经发生过这种现象：1910 年，一只凯门鳄从奥里诺科河被一路冲到格林纳达；1995 年，受飓风“路易斯”的影响，瓜德罗普某处岛屿地块被剥离，该地块上的鬣鳞蜥聚居地被飓风一路卷到安圭拉，其间的跨度有几百千米之遥。[9]一些爬行动物、两栖动物和哺乳动物被冲到特立尼达岛、多巴哥和格林纳达。在后来的冰川期，海平面下降超过了 100 米，这些动物便被留在了格林纳丁斯群岛的一个陆块上面。该陆块面积与今天的波多黎各差不多，格林纳达岛、格林纳丁斯群岛和圣文森特岛就成了该陆块的制高点。[10]而对于植物来说，由于植物基因更容易被水和风裹挟，因此它们在各岛屿之间的流动有更大的随机性，但无论如何，南美洲依旧是这些物种的主要发源地。[11]

通过洋流来认识人类在岛上的定居方式会非常有趣。了解了加勒比洋流就可以解释为什么北美和中美洲的原住民社群很少在安的列斯群岛定居，充其量只有少部分人在那里定居。后面我们会看到，所有的主要迁徙都来自南部地区，大致位于圭亚那与委内瑞拉东部之间这一区域。一只独木舟从特立尼达出发，经过委内瑞拉可以轻松地搭乘圭亚那暖流去往格林纳达。当初的探险者们一旦抵达格林纳达就算拿到了进入安的列斯群岛的钥匙，因为人们从格林纳达北部就可以眺望到卡里亚库岛。卡里亚库岛是进入格林纳丁斯群岛的第一步，而格林纳丁斯群岛又可以通往圣文森特，站在群岛上的任何一座小岛上都能望到下一座小岛，直到到达萨巴岛、圣马丁及安圭拉岛和维尔京群岛。在维尔京群岛，安的列斯洋流开始疾速奔流至波多黎各和海地，安的列斯洋流是由圭亚那暖流靠外的一段支流演变而来的，这一支流环绕经过大西洋外缘及加勒比板块。而且，海地移民就是借助洋流，划着最原始的船筏到达巴哈马、古巴和牙买加的。

在哥伦布到达美洲之前的几千年里，美洲的原住民水手就是利用这个洋流系统在南美洲与安的列斯群岛之间来往通行的。随后，欧洲人也学会了这种方法。他们会选择将多米尼克、瓜德罗普、马提尼克和巴巴多斯附近的地带作为入口（因为这里是岛链弧形向外凸出的地方，盛行信风），之后再借助洋流和信风，向北去往大安的列斯群岛，或者向南去往南美大陆。海盗和农场主、逃亡的非洲黑奴及逃跑的奴隶就是沿着这条古老的线路行进的。这条线路既连接又分隔了群岛中的各个岛屿。人类的流动也促成了信息的流动和动植物的流动。在大、小安的列斯群岛之间及其内部，这种自然流动的体系既创造了联结又生成了对抗，而这些联结和对抗在殖民地时期和国家形成时期都对加勒比地区的政治状况和思想状况产生了重要影响。

Ⅲ

除加勒比地区外，世界上每一个海域的情况也都如此，当地的风向和水流无一不影响着生物与人类的栖居方式和交流方式。顺应着这些自然规律，于是世界各地出现了贸易、互访、迁徙和交流合作。16 世纪的欧洲商人堪比勇士，是他们将这些区域性的网络联系在了一起，这一关键性突破为日后欧洲帝国的建立打下了基础。当我们今天再回来看那些大航海家曾经使用过的探险路线图时就会发现，当年哥伦布、拉佩鲁兹(Laperouse)就是根据自己的目的切出了一条行进路线，轻松找到回家的路的。然而我们往往会被这种表象所迷惑，以至于不知道促使他们这样做的根本原因是什么。毕竟，哥伦布曾经为自己的第一次航行付出了巨大的努力，他一改故辙地沿着北面的路线穿过大西洋去往瓜纳哈尼[①]。但后来，他又选择了一条相对轻松的路线，借着信风到达了安的列斯群岛的向风海峡。对于哥伦布、达·伽马和拉佩鲁兹来说，事情的关键在于他们恰好参加了布拉沃(Bravo)按照老规矩安排的礼品交换仪式。在仪式上，这些航海家与其他当

① 即圣萨尔瓦多岛。——译者注

地人一起交流，并从有经验的人那里获得了有关该地区的地理知识，从而掌握了有关当地能量流动的情况。[12]随后我们将看到，在18世纪中叶商业开放以后，为了在大西洋区域开展大宗贸易，商人们所选择的行进路线图与风向和洋流图是存在重叠的。

新的全球海事网络在那些便于快速通行的地方稳固地建立起来，到了一些速度或快或慢、顺畅或受阻的节点上，航行者就会停下来，融入当地，加入到这些古老区域的循环当中，而这些循环名义上也属于全球系统的一部分。在煤炭时代以前，这就是帝国网络呈现出来的典型特征，既没有连通，也没有狂热的"帝国意识"(这里的帝国意识指的是对一个全球化民族的归属感)，而是分散的。那是一种被围困在世界某个沿海地区，被本土化和克里奥尔化①的体验。18世纪欧洲帝国的知识是由两个相互对立的倾向构成的，一个是局部**去本土化**过程②，一个是全球环路，它们都是建立在物质世界压力和抵抗力之上的物质利益和理想利益的表现形式。我将从近期的研究中援引两个例子来说明——一个例子关于大西洋，另一个例子关于印度洋。

20世纪90年代中期，西蒙·谢弗开始对牛顿的《自然哲学中的数学原理》(*Principia*)的不同版本进行比较，特别是第二卷和第三卷中的修订部分(书中用来呈现数据的表格此后

① 克里奥尔化指的是不同种族之间在语言与文化上的融合。——译者注
② 原文为法语 *depaysement*。——译者注

再未做过修订)。他注意到，该书每修订一版都增加了来自西非、加勒比地区和北美洲的测量结果和最新发现，这其中的意义不可小觑。[13]直觉告诉他，一定有什么重要的事情正在发生。受到这一想法的启发，尼古拉斯·迪尤(Nicholas Dew)提出了一个在当时可谓具有革命性意义的论断：大西洋网络对牛顿物理学说的形成一定产生过重大的影响。[14]为什么这一论断会产生如此大的反响？原因就在于，尽管我们现在已经习惯性地认为，像植物学、人类学还有航海学这样的学科需要依赖某些指定地点的本土情报员、样本采集及实地观察等系统操作，以至于博物馆或珍奇室——用温特鲁布(Wintroub)的话来说，就是人们感受"具身知识"的场所，但我们也很容易认为，数学和物理学知识都属于那种脱离世俗、与现实世界脱节的领域。

但牛顿在《自然哲学中的数学原理》第三卷"论宇宙的系统"的讨论中，广泛借鉴了有关行星、彗星和潮汐的观察结果和测量数据，特别是借鉴了在世界各地测量的摆弧数据。有些观察者还是来自新英格兰、牙买加或芬迪湾的圣公会成员。然而迪尤特别强调了一个网络的重要性，这个网络虽然多次被牛顿采用，但却只得到了他寥寥数笔的感谢。这个网络就是被法国用来搜集观测数据的系统，该系统的成员广泛吸纳了耶稣会会士、天主教会修士、军事工程师、内科医生及管理人员，并促成这些人士与巴黎的法国科学院成员共同开展合作。这一全球性组织直接关系到了法兰西帝国的利益，并且得到了科尔伯特(Colbert)的支持。他希望法国的商人和战士能够拥有世界上最精确的地图。于是，该组织分别从塞内加尔、马提尼克和卡宴获得了测量数据。这些数据为确定地球形状以及印证地球重力在不同纬度有所不同这一判断提供了最新证据。这个知识网络是建立在法国大西洋最重要的商业环路之上的。该环路沿西非的贩奴路线而下，穿过西印度群岛，或许又北上至加拿大，然后才返回国内。在环路所经之处，当地的参与者各尽其责，甚至连美洲原住民的弓弦都被实验人员拿来用于测量钟摆的摆弧数据。散布在各地的一段段旅程最终连接成了这条环大西洋的商业环路，人们自然是借助了风力和水流的力量才完成了每一段旅程的测量任务。就这样，人们利用自然规律人为地构建出了一套贸易模式，这一模式或多或少也维系了知识的循环。

接下来让我们将视线转向印度洋。乌尔里克·希勒曼(Ulrike Hilleman)认为，19 世纪的英国汉学不同于法国汉学和德国汉学的地方在于，它建立的主要地点既不在中国，也不在欧洲。[15]她指出，东印度公司在亚洲开辟的商业环路不仅生成了知识，还催生了印花布贸易和茶叶贸易。在东南亚，印度洋与中国海域交汇的地方成了这一区域的海上交通枢纽，中英两国的移民社群也正是在这里相遇的。通过在这一区域和在印度国内的接触，人们更加容易习得汉语，新的商业活动和传教活动也应运而生。英国的移民社群为了从事商业活动而散居在亚洲，它的形成既受到了自然的约束，也顺应了现实的机遇。渐渐地，这个移民社群便构建了19世纪英国人心目中的中国形象。

了解了这两则案例，我们再来用更加哲学的方式思考海洋地理是如何影响人类网络的，这些人类网络对不同的知识空间和感受空间起到了既促进又屏蔽的双重作用。首先，我们可能认识到，网络总是表现为一种理想的类型，它代表了各点之间大致完整的关系。网络总是一种可能的而非真实的存在，并且依赖于可能重复的形式，用拉图尔（Latour）的话来说就是，“存在的不是组织，而是组织形态”。[16]它们还会受到某些物质利益或战略利益等人为因素的干扰。网络里的每一个位置都或多或少地存在能量的流动，并且生成了各种流动模式和吸引力模式。我们会看到在文化滑流的现象当中，有短暂的交流，也有越洋社群的诞生，而后又中断。人员、物资在各地之间流入、流出，由于流动相对速度的存在，为定居点的形成创造了条件，由此便形成了一个——借用进化生物学中的一个比喻来说——独立的文化物种，随着外来影响力的逐渐消解，一种新的思想、新的风格便慢慢显露，进而形成了那些新的看待世界的方式和生活方式。

因此，知识具有一定的情境性，并且伴随着由地理不对称作用而导致的局部参与、感知和交换行为，知识得到了跨文化传播。系统中的阻塞点和岔路口往往都具有特殊的重要性，无论在东南亚还是加勒比地区都是如此，这些地方往往可能发生具有长远影响的历史变革。在一个网络里，我们看到了被哈钦斯(Hutchins)称作“分布式认知”的部分，即系统中相互连接但又彼此分离的部分，在某个特定的历史时刻，这些部分之间产生了被唐纳德·温奇(Donald Winch)叫作“串联式对话”的东西，它们是在某一特定的概念语言或问题内部和周边所展开的既有联系又有区别的交流。[17]每一处都存在两股相互竞争的力量：一股力量会对周边的环境产生抵制，以保持自身信号、信念或身份的连贯性；另一股力量则倾向于将自己融入到周围的人和环境当中。在这个半自然半人为的世界里，不同的权力关系便形成了一种合作与对峙并存的局面，理查德·怀特(Richard White)将这种共享的符号空间称为“中间地带”。在某一时期内，文化平衡可能会朝着不同的方向流动。[18]

Ⅳ

我们不妨运用其中的一些观点来理解18世纪英国的海洋世界。我们这代帝国历史学家所面临的挑战是，如何继辉格史观和爱国主义史观之后呈现一个真实的大英帝国历史。这就要求我们将英国的扩张史放在欧洲模式中去考虑。帝国历史学家们不仅需要从研究西班牙、法国和荷兰入手，还要综合自下而上和自上而下这两种历史观，只有这样才能客观地呈现欧洲与其他民族之间复杂的敌友关系。网络的视角有助于我们理解帝国权力表象之下所隐含的不完整的关系。

举例来说，如果翻看一下 19 世纪或 20 世纪出版的历史地图集，就会发现，1763 年大英帝国的政治地图是虚构出来的：地图上有一块清晰的粉红色地带，覆盖了北美洲密西西比河以东及印度次大陆[①]的大片区域。然而实际情况却并非如此。这片被帝国占领的区域只不过是一些小岛、河堤或海滨。在北美洲，人类通常会选择在海滨或大河岸边定居，例如切萨皮克湾、哈得孙河、康涅狄格河和萨凡纳河，人们可以利用水路向外输出产品或者向内接收物资的补给；而在其他地方，比如哈得孙湾，人们见到的只是终年结冰的贸易站。此外，在西印度群岛，虽然那里有密集的定居人口，但管理却不甚完善。拿牙买加来说（换作其他任何一个较大的岛屿，情况也都如此），该岛的内政早已被逃亡的黑奴所控制，英国早在 1739 年就答应了他们的自治要求。实际上，在牙买加那些名义上属于英国的地区，黑人却占了大多数；而那些所谓的欧洲人也都是些操着荷兰语、德语、西班牙语及葡萄牙语的犹太人，而他们比较明显地受到英国的影响已经是 18 世纪中叶的事情了。在亚洲，那些来自欧洲的贸易公司只是在这个领土帝国的边缘分得一杯羹，亚洲内部中日两国间的贸易量要超过几家东印度公司贸易量的总和。在非洲，虽然建有一些设防的贸易站，但贸易条款并非总是有利于外国人。

将前述的一切连在一起，并且在日后造就后工业时代帝

① 印度次大陆是国际通称，我国称南亚次大陆。——译者注

国重要滩头阵地的就是海事网络。在这样的网络当中，物质利益(即从贩卖奴隶、蔗糖、烟草、毛皮、棉花与瓷器等贸易中获取的利益)与海洋系统的风力、水流作用相互协同，周而复始。历史学家不妨利用这一视角来绘制一份并不完整只是局部联系的全球系统的关系图，例如海上航线的中断可能意味着遭遇了奴隶武装或克里奥尔叛乱者的袭击或者科学藏品的丢失。帝国虽然能够创造历史，但却不能让历史完全按照它们的意愿去发展，因为“我们虽然可以用武力将自然赶出门外，但它依旧会回来”。

第六篇　仪器、测量与海事帝国

西蒙·谢弗

我们虽然失去了北美洲 13 个殖民地的**土地**①，但与此同时也应当感到庆幸，因为从更深远的意义来看，赫舍尔(Herschel)博士这位伟大的人物将我们带入了**云中**②那片前所**未知的天地**③。

[马修·特纳(Matthew Turner)，
1783 年于利物浦的一次讲座][1]

今年(1821 年)大英帝国人口普查统计人数为 21 318 748 人。

1861 年将达到 42 637 496 人。

1901 年将达到 85 274 992 人。

[托马斯·麦克杜格尔·布里斯班
(Thomas Makdougall Brisbane)，
1821 年，《崇高的思想》(*Sacred Thoughts*)][2]

① 原文为拉丁语 *terra firma*。——译者注
② 原文为拉丁语 *in nubibus*。——译者注
③ 原文为拉丁语 *terra incognita*。——译者注

一位是思想激进的化学家马修·特纳，一位是杰出的军人托马斯·布里斯班，两人用完全不同的方式和不同的严肃程度表示，天文测量的方法为开阔帝国视野、把握帝国命运提供了宝贵的经验。天文测量活动或许能够弥补帝国的损失，抑或是增强帝国野心。本书将基于这些观点，来探讨测量方法及测量仪器与帝国整体发展之间千丝万缕的联系。我们将着重介绍在该领域所使用的细致而规范的技术方法，因为那些复杂的测量设备正是依照这些技术方法制造出来并投入使用的。在19世纪中叶以前，这一联系是显而易见的。这里不得不提《科学调查手册：谨供女王陛下海军及普通旅行者之用》(*A Manual of Scientific Enquiry*: *Prepared for the Use of Her Majesty's Navy and Adapted for Travellers in General*)。这本手册于1849年首次出版发行，两年后进行修订再版。手册由英国科学家们的老前辈约翰·赫舍尔(John Herschel)主持编辑(这位赫舍尔先生是特纳在前面提到的“赫舍尔博士”之子，赫舍尔博士于1781年发现了一颗行星，这一重大发现或许能够从某种程度上弥补丧失北美洲殖民地的遗憾)。同时参与该手册编写的还有一些英国本土最杰出的专家，比如皇家天文学家乔治·艾里(George Airy)以及既聪明又富有的地质学家查尔斯·达尔文(Charles Darwin)。水文地理学这一节由海军上校弗雷德里克·比奇(Frederick Beechey)编写。比奇是皇家海军的一名退役军人，他曾与约翰·富兰克林(John Franklin)一道前往北极探险，也曾和海军天文学家威廉·亨利·史密斯(William Henry Smyth)一起参与地中海调查巡航，还曾亲自挂帅赴太平洋进行调查测量。退役后，他又继续在英国贸易部海事处主持工作，这一职务一方面受人尊敬，另一方面事务也相当繁忙。他是一名优秀而尽职的海事测量师，他所提供的样本图让我们清楚地意识到，在18—19世纪大英帝国的海军计划中，开展精密测量以及对遥远世界的探索具有多么重要的意义。达尔文和比奇都认为，在海上从事测量工作困难重重，经常事倍功半，因此应当将测量场所转移至陆地。这些经验丰富的科学家认识到，要想实现这一想法，必须配备专业的仪器并获得各方的支持，最后再修建一座天文台。[3]

1845年在剑桥，赫舍尔在为英国科学促进会总结天文学历史的时候，将天文学的发展与文明的进步等同了起来："每一个对外发布观测结果的天文台都如同一个核心，围绕这个核心会形成一派开展精准实践的群体，从这个核心中不断向外界发出诉求和建议，以寻求改进并得到更加精确的结果。"[4]赫舍尔对殖民地天文台了如指掌，19世纪30年代他去过好望角，当时就卓有远见地提出要在澳大利亚改造一座天文台。赫舍尔告知皇家天文学会称，"澳大利亚历史上第一个光辉夺目的特征"必定是修建在那里的一座装备精良的天文台。他兴致勃勃地表示，"对其他国家的殖民"

……通常都是从手无寸铁的民众手里夺取土地

> 的，殖民史的开篇无不充满了专横与暴力。然而，现在我们看到了更加光明的前景：我们在这片气候宜人的土地上取得的第一个胜利就是科学的胜利。科学留给我们的宝贵财富就是对实用知识的永久记录以及立竿见影的利益回报，并为他们所处的环境乃至整个国家带来改善。[5]

I

有人曾明智地指出，如果在19世纪的头几十年，能够有一些科学人士和数学工作者共同合作让近代自然科学诞生在英国那该有多好，这些情愫足以说明当时的处境有多么艰难。[6]这些英国的天文学家和测量员得到的数据异常精确，大大拓展了帝国的边界，他们的观测领域遍及帝国范围内有人类生存和无人踏足的各个角落。每当有人对测量的精密度提出怀疑或是人类强烈的好奇心需要得到满足的时候，他们的仪器和测量活动就派上了用场。我在这里和大家分享一则有关仪器测量的小故事。1791年4月，一支由20人组成的队伍从新南威尔士的罗斯希尔出发，开始了为期五天的徒步之旅(“罗斯希尔”这一名称在两个月后奉命改为“帕拉马塔”)。此行的目的是调查流经附近的两条河流是否为同一条河流。在这支队伍中有18位英国人，包括猎场看守员、士兵和军官以及一位在罪犯流放地担任地方长官的亚瑟·菲利普(Arthur Phillip)。除了这位流放地长官外，其余白人每人都背负了重达40磅①的行李。大家每天都从日出走到日落，他们穿过灌木丛和橡胶林，前往位于西北方向的军事基地。队伍中的其余二人为生活在沿海地区的依奥拉人②，一位名叫卡乐比(Colbee)，另一位叫波拉德利(Boladeree)，他们比较擅长捕鱼和猎捕负鼠。两位依奥拉人都轻装上阵，他们见白人竟然这样负重行进反而感到好笑："他们不肯打水，也不愿伐木。"据一位白人军官说，他们之间的差异还不止这一点。与英国人不同的是，依奥拉人意识不到这种测量活动的意义所在，显然，他们也不清楚自己所处的位置：

> ……我们来到了距离罗斯希尔不远的一个乡村，发现他们对这个地方并不熟悉；而且走得越远他们就越依赖我们，他们俨然成了完全不了解情况的内地访客。想跟他们说清楚我们此行的目的几乎是不可能的。他们一定不理解为什么明明可以吃饱喝足安详地待在家里，却还会有人受着好奇心的驱使，出去劳形苦心地接受各种苦痛的折磨。这一点恐怕没法向一个原住民解释清楚。[7]

---

① 40磅约为18千克。——中文编者注

② 依奥拉人为生活在新南威尔士的澳大利亚的原住民。——译者注

后来一些评论员也提出了同样的困惑：到底是受到什么力量的驱使让这些英国人不顾自身安危选择出去冒险的，而且所做的这一切还都是为了别人？他们到底有什么本事知道或者声称自己知道所处的准确位置？英国人对依奥拉人的印象就是，“他们对这个乡村根本一无所知”；而依奥拉人则认为，英国人简直就是一帮“吃屎的家伙”。不过，白人伙计们拿的一个物件倒是很有趣，他们管这个东西叫“Naa-Moro”，字面意思可以理解为指路能手，英文叫作“指南针”。[8]最擅长使用此物的是天文学家兼测量专家威廉·道斯（William Dawes）。他是一位海军上尉，曾在皇家天文学家内维尔·马斯基林（Nevil Maskelyne）手下供职，他在新殖民地修建了一座天文台。1791年4月，在一次外出考察时，道斯把在航海中学到的航位推算法应用到了丛林行进当中。他随身携带着指南针，按照2200个行进步数约合1英里①的换算方法，每晚“把这些行程分别加总，再用推算船只方位的办法对照方位表进行推算”。道斯凭借着精湛的几何学知识，一边滔滔不绝地讲一边行动，“我们总是能够精确地掌握自己身处何地，并且知道离家有多远”。[9]虽然这种方法没能阻止这一小拨儿人迷路，但这个例子的确能够说明海事测量的方法是如何运用在帝国的新疆域的。而道斯作为第一位扎根于澳大利亚的欧洲天文学家，也因此成为该领域的标志性人物。1791

① 1英里约为1.6千米。——中文编者注

年，道斯带着他的全部仪器离开了殖民地，可他依然为帝国的事业发挥着积极的作用。他先是在新殖民地塞拉利昂担任地方长官，由于与克拉朋联盟成员关系密切，道斯获得了一定的资助和权力。之后，道斯又在基督公学(一个致力于精确科学人才培养的中心)担任数学老师。前不久，他的形象出现在了作家简·罗杰斯(Jane Rogers)的知名小说《应许之地》(*Promised Lands*)(1995 年)里，他被描绘成了一位殚精竭虑的批评家，痛斥殖民地野蛮恶毒的政治制度。随后，在西蒙·沙玛的《乱世交汇》(*Rough Crossings*)(2006 年)一书中，他又被刻画成了一个不太重要的反面人物。书中的道斯晚年在塞拉利昂掌管福音派事务，这一职务让他备受谴责，这位天文学家的技术能力和硬件条件正代表了帝国的测量工作在工具化大背景下的艰难处境，纵使有宏图大志也要如履薄冰。[10]

道斯从其他人那里获得了关于天文计时的好建议，这些人既包括在格林尼治的老板，也包括一些访客，其中就有来自法国的天文学家约瑟夫·达格列特(Joseph Dagelet)。他曾是拉佩鲁兹夺命探险队的成员之一，他们最后一次已知的登陆活动是在 1788 年的植物学湾，此后便杳无音信。道斯登上那些法国船只，同船上的天文学家愉快地共进晚餐(现在回想起来，颇有些讽刺意味)。达格列特英明地向面前这位新手提出了忠告——观测时一定要确保能够同时看到表盘和秒针，只有这样才能最大限度地确保观测的准确性，并且能够避免“大家这样或那样的猜忌和担心”，谁知这竟成了这位远道而来的殖民地科学家最后一次向英国本土的听众传授经验。[11]道斯在向马斯基林汇报工作时曾猜测殖民地或许不会一直存在下去，因为“在我们目前所处位置的数英里范围内，不再可能容纳太多的人来定居了”。但他同时也在寻找子午天文学的永恒意义：“时钟与象限仪被庄重地嵌在坚硬的岩石当中，自创世以来就不曾被移动过。”道斯将这些仪器转移到新土地上，包括一个由约翰·伯德(John Bird)发明的象限仪、一只由多隆德(Dollond)制造的带有测微目镜的消色差望远镜、一座出自约翰·谢尔顿(John Shelton)之手的精美华丽的天文钟，标志了殖民地的建立。道斯虽然不看好殖民地的发展，但依然为它的建设贡献着自己的力量。[12]据《澳大利亚国家词典》(*Australian National Dictionary*)记载，大约在18世纪90年代，“服刑”①这一新创的表达方式正是在新南威尔士的刑罚制度里出现的。道斯时常会抱怨，出于工作需要，他不得不去测量街道、堡垒或是政府农场的布局，这使得他正常的天文测量(如对彗星和行星的观测)时常受到琐碎事务的干扰。但实际上从长远角度来看，这两种测量活动最终还是为同一个目标而服务的。[13]

一直以来仪器都是创造知识和传授知识的重要资源。每当有不同的知识传统相遇或者有时交汇到一起时，仪器作为

① “服刑”一词在原文中对应的英文表达为 doing time。——译者注

中间的介质就可以用来解释到底发生了什么。关于仪器的作用，有两个特征非常重要：仪器有一个功能是创造真实可信的知识，这时仪器充当的是使用者与世界之间的介质；此外它还具有创建知识社群的职能，这时它又成了不同使用者之间的介质。有关科学的历史时常告诫我们，这两种作用是相互依存的，解决知识的问题就是解决社会秩序的问题。正因如此，仪器在测量员的清单里承载了太多太多的含义。早在启蒙运动时期在那些著名的航海运动还没有开始以前，一些葡萄牙航海家就在星盘的指引下前往图皮南巴和莫诺莫塔帕，并且声称占领那里的土地了。他们从伊斯兰与犹太专家那里学到了天文定位法，在直角仪和象限仪的帮助下，极具仪式感地对这些土地进行了精准定位，在帝国的征服史上增添了浓墨重彩的一笔。当这些葡萄牙水手在印度洋偏离航程时，他们发现那里的情况已完全被当地经验丰富的商人、观察员和旅行者所掌握。然而事实证明，这些知识和技能既是他们的资源，也成了障碍。在路易斯·德·卡蒙斯(Luis de Camoens)的史诗中，先前的这些专家是缺席的——史诗详细讲述了卢西塔尼亚人在宇宙、神学以及航海方面的成就，借以反映卢西塔尼亚人与天空割舍不断的独特命运。与此同时，那些公开发行的期刊也时常刊登一些体现政治意义和科学意义的壮举，比如琼·里彻(Jean Richer)前往卡宴的远征探险，皮埃尔·布格(Pierre Bouguer)团队对秘鲁的科学探险，皮埃尔·莫佩尔蒂(Pierre Maupertuis)去往拉普兰以及尼古拉斯·

拉凯(Nicolas Lacaille)深入南部非洲的探险之旅，抑或是18世纪英国人连续远赴太平洋的航行。各种各样的故事中夹杂了关于精湛技艺、独自航行以及领土管辖的记录。[14]

在18世纪航海时所使用的新的技术设备中，既有航海天文钟和象限仪，也有经纬仪和精密罗盘，这些设备还被赋予了无比重要的象征意义。航船如同其他科学设备一样也扮演了重要的角色，尤其是在欧洲人征服太平洋的几次探险以及受到波利尼西亚领航员接待的那次经历中更是如此。比如，詹姆斯·库克(James Cook)曾经从塔希提岛的航海专家图帕伊阿(Tupaia)那里获得了一些关键信息，后来这些信息还被拿去同英国天文学家用仪器观测所获得的数据进行比对。别有深意的是，拉佩鲁兹自己的船只就是用这些仪器的名字来命名的，一艘定名为"星盘"号(*Astrolabe*)，另一艘定名为"罗盘"号(*Boussole*)——1788年的某一天，道斯在这几艘船上度过了愉快的夜晚。拉佩鲁兹奉命对自己以及团队开展的天文学工作做了记录，并在返航时将这些记录交给了政府官员。这些记录无不阐明了航行的意义。[15]对于在试航中连续使用计时器和望远镜这件事，大家讨论的焦点主要集中在应当如何看待发现这一概念上。后来人们将发现解释为，它既包含对未知事物的探索，也包括对已知技术的传授。因此，"发现"确定经度的方法就是要建立一套行之有效的规则，并以此为依据指导他人的行动，这对在南部洋面航行的欧洲探险家来说至关重要。由此看来，那些确定经度的方法既可以实现社会团结，又具有实用价值。这些精密计时法一旦成为制度规范，就要被正式纳入复杂的包括硬件设备和操作方法在内的行动计划当中，出海的天文学家们就要依此接受专业训练。[16]

当中间人在世界各国穿梭时，仪器就显得尤为重要。因为这些仪器有助于当事人开展贸易、进行解释或对比。旅行者在南部太平洋上的一些经历就很好地证明了这一点。1826年5月，爱尔兰探险家彼得·狄龙（Peter Dillon）将美拉尼西亚的檀香木运往加尔各答和悉尼进行售卖，在蒂科皮亚岛上，一些拿着"全部都是法国货"的当地人迎了上来。这位嗅觉灵敏的外地人猜测，那些商品很可能说明拉佩鲁兹曾经来过这里。于是，狄龙马上找到东印度公司在加尔各答的负责人，劝说他们协助对这些岛屿展开调查，以确定拉佩鲁兹是否还活着。他从知情人士那里获悉，这位失踪很久的航海家"以前经常仰望太阳和星星，还向它们招手"，这正是天文观测者的动作。于是，狄龙对这些遗留下来的法国物品出具了一份字据："在船上所有官员和在场人的见证下，贸易官购买了这些器物，然后我从这些先生手里拿到了一纸证书，上面注明了何时何地从谁人手里购得了所列器物。"作为交换，狄龙也为岛上的商人们出具了一份用羊皮纸书写的证明，上面有他的亲笔签名，以示对贸易和谈判规则的尊重。最后，狄龙将这份特别的目录清单拿给他的欧洲赞助人，向公司证明"无论从道德、商业还是地理学意义上讲，这里都比世界上任何地方更值得关注"。[17]

Ⅱ

在那个帝国年代，科学的生命力总是与各种仪式有关的，比如殖民地占领仪式、礼品或枪支交换仪式以及公开声明仪式等。每一次的迎来送往都成为展示设备和设备管理能力的重要机会。后来出现了等级制度，但这种等级的界限却可以通过展示科学仪器的各种功能来打破。下面这个片段展示的是几个有关联络、交换和杂合性的远程网络，它们很好地体现了不列颠统治时期的特征，不论在地中海还是南太平洋都是如此，同时也反映了异见人士、对话者和东道主之间的关系。1825 年，从伦敦出发的职业画家奥古斯塔斯·厄尔(Augustus Earle)经过长途跋涉，来到了位于悉尼湾的英国罪犯流放地。此前，厄尔已经经历过变幻莫测的海上生活了。比如 1816 年 8 月，他曾与画家比奇过去的同事威廉·亨利·史密斯和另一位年轻有为的天文学家查尔斯·吕姆克(Charles Rümker)一同遭遇了英荷联军对阿尔及尔实施的惩罚性的炮火袭击。此外，厄尔还与海上探险队的指挥官詹姆斯·布里斯班(James Brisbane)有过几次颇有助益的接触。现如今在南威尔士，这位艺术家凭借过去建立的人脉关系(比如与那些天文学家及其男性亲属的交往)直接获得了通往总督府的入场券。殖民地现任总督托马斯·麦克杜格尔·布里斯班(Thomas Makdougall Brisbane)正是海军准将布里斯班的表兄，前者是位苏格兰退伍军人，也是一位天文学专家。不久，在向托马斯·布里斯班致敬的一次告别晚宴上，厄尔就受托为此创作装饰画。他选择了哲学家第欧根尼（Diogenes）到处寻找诚实之人这一经典主题，将投身政治的总督比作英雄。尽管总督的女儿——年轻的埃莉诺·澳大利亚（Eleanor Australia）对厄尔炮制出来的作品发出了“惊恐的尖叫”，但这位艺术家还是奉命为布里斯班完成了一幅神奇的全身像，周围点缀以星体、望远镜和航海图。[18]

布里斯班是一位知名的天文学家，不过名声不太好。1822 年早期，他在自己位于帕拉马塔的住所附近修建了流放地的第一座固定天文台。[19]他从英格兰海运过来一批数目可观的天文仪器，其中就包括一台国内最好的经纬仪。他还购买了一台平板印刷机，用于制作南部天空的星图。此外，他还雇用了厄尔的老同事吕姆克作为观测员。然而不久后，英国与德国关系破裂，布里斯班因管理不善而被强行召回英国。伦敦一家报纸便开始不满地说三道四，称“托马斯先生把大部分时间都花在了天文台和射猎鹦鹉上”。布里斯班希望将天文学作为发展殖民地的武器，并建立“南半球的格林尼治”；然而，在他那些英国本土的上司和殖民地的政敌看来，这门科学简直就是他非理性行为的一个标志。[20]对此，布里斯班极为不屑。1825 年末，他趁厄尔为自己创作肖像画之际，要求作画者务必让画面闪耀出军事、科学和政治的光辉。在离开殖民地之前，布里斯班把那台平板印刷机送给了厄尔，他再也不需要用它来制作星图了。于是，厄尔就用这台印刷机来推广各种人物肖像，他的创作对象不仅包括那些殖民地的知名人士，还包括原住民的首领兼中间人——邦加里(Bungaree)。邦加里是布罗肯湾库灵盖部落的首领。就在不久前，大卫·特恩布尔(David Turnbull)还提到，邦加里是一位经验极其丰富的向导和领航员。1801 年他曾在马修·弗林德斯(Matthew Flinders)著名的环澳大利亚大陆之行中担任向导。这位原住民专家会很正式地迎接抵达的客人，比如 1819 年，他接待了雅克·阿拉戈(Jacques Arago)(此人的哥哥是布里斯班相当了解的一位天文学家)；1820 年，他又接待了俄罗斯航海家别林斯高晋(Bellingshausen)。布里斯班曾许诺赠予邦加里一条船，还用英国统治者典型的口吻，主动提出为他部落的人提供“友善的保护”。此外，总督大人还向邦加里赠送了一套精美的制服。[21]

在厄尔为邦加里创作的肖像画中，邦加里就穿着这身制服站在悉尼的天文台山上。画中的邦加里仪态庄重，在他光辉形象的背后，艺术家以皇家海军中国舰队①气势雄伟的舰船作为背景。这支舰队曾在厄尔的老友、总督的弟弟詹姆斯·布里斯班的指挥下于 1826 年 10 月抵达悉尼。记得有人曾经讲过，海军准将布里斯班的“厌战”号(HMS *Warspite*)刚一抵达港口，邦加里就按照惯例登上了战舰。“厌战”号的船员们本来是向

① 从时间上考证，译者认为此处应为皇家海军东印度舰队，而非中国舰队。——译者注

邦加里展示皇家卫队的队列行进的，结果却被邦加里的表演迷住了。当听说海军准将名叫“布里斯班”时，邦加里诙谐地称对方在骗人——他要让大家见见真正的布里斯班。只见邦加里

> ……走在甲板上，与几位军官交谈一会儿，然后从当天值班的信号兵手里拿过一只望远镜开始遥望苍穹，突然“啊！”的一声惊呼。看到邦加里如此惟妙惟肖地模仿自己的长兄，这位海军准将简直惊呆了，其他官员也都早已乐得东倒西歪。

这则故事的来源并不能确定，就如同世间流传的很多口头叙述一样，或许这只是很久以后某位记者模仿狄更斯的风格杜撰的也未可知。故事出自狄更斯创办的刊物《一年四季》(*All the Year Round*)(在 1859 年 5 月这一期的杂志上刊登了《双城记》的第一部分)，邦加里故事的作者自称是为了向剑桥大学三一学院介绍原住民的生活。不过故事的真实性值得怀疑，权威性也大打折扣，传递的文化也刻板老套。总督的那个原本用来探索科学的设备竟然成了展示人物性格的道具，这个创意真是误人子弟，要这种小聪明只会适得其反。[22]

1788 年在新南威尔士建立的殖民地最初是以发展海军和作为刑罚流放地为目的的，但由于它在历史上总是掺杂着有关天文事业以及原住民的专业知识，所以名声不大好，道斯的经历就很好地说明了这 ·点。皇家学会的委员们在马斯基林的带

领下，巧妙地讲述了过去英国海军和天文学有关的故事，“既有古老的也有现代的故事”，这也是他们为了给南太平洋上的这块新土地争取资金而发起的活动之一。原住民领航员图帕伊阿与英国海员的几次交流对于后者完成海上探险起到了极为关键的作用。后来还有人依照欧洲天文历史的标准来判断波利尼西亚的文化发展水平。威廉·威尔士(William Wales)是道斯在基督公学的前任，过去曾以天文学者的身份参加过库克的第二次远航。不久，威尔士就成为一位权威的历史学家，大力拥护航海事业的现世意义。回到伦敦后，他向学校数学系的学生生动地讲述了自己在太平洋上的探险经历，下面坐着的就有塞缪尔·泰勒·科尔里奇(Samuel Taylor Coleridge)和约翰·庞德(John Pond)。像威尔士这样参与过太平洋计划的英国天文学家还有查尔斯·格林(Charles Green)、威廉·贝利(William Bayly)、威廉·古奇(William Gooch)和道斯。他们对天文奥妙的探索之旅可谓喜忧参半，这些经历为后人进一步反思天文旅行的诗学意义和历史意义提供了重要的素材，他们的远大抱负与伟大壮举将永载南太平洋史册。这些天文学者时常以夜间灯塔守夜人的经典形象自居，并自称是孤独的隐士，即便或者说正是因为他们的工作是在众多共事者与支持者的见证下完成的。[23]

这些探险活动无一不关乎殖民地计划，有关这些活动的报道也大多围绕其对天文学历史的意义以及对当下新政权的意义而展开。在加尔各答的亚洲学会和伦敦新成立的天文学会内部，人们热切地讨论着英国天文学与古印度天文学的关系，其热度甚至远超过其他的政治议题。在东印度公司成员如亨利·科尔布鲁克(Henry Colebrooke)的引荐下，两家学会的会员可以彼此加入对方的学会，并且保持着频繁的联系。英国人从当地的行家那里获得了他们所掌握的有关天文学的经典知识；反过来，随着科学家们采用三角测量法成功地完成对印度的测量，加上欧洲的知识分子在次大陆上发现他们协会的历史，天文成就的历史和意义也在不断被刷新，价值也得到了彰显。这些探险活动将天文学的历史与现代统治权联系在了一起，具有非常重要的意义。[24]将二者联系起来的是19世纪早期的一位历史学大师——亚历山大·冯·洪堡(Alexander von Humboldt)。洪堡通过巧妙的叙述，总结了欧洲与新大陆在古代天文科学方面所取得的进步，进而将地缘政治学与地球物理学联系在了一起。一方面，他了解玛雅人与阿兹特克人的天文学知识，并将这些知识融入对社会经济学发展的阐述当中；另一方面，他又了解欧洲天文观测学的知识，这也有助于将美洲置于自然发展的规律下进行解读。在洪堡那个时代，还有一些人也在为同样的事业而奋斗：原则上讲，记录历史和绘制地图的行为是可以在世界范围内推广的。[25]这件事至关重要，因为疆域的扩张需要天文观测学的支持，而天文观测学也需要一定的疆域面积作为保障。天文台的工作者(包括那些在帐篷里或船上进行观测的人士)都声称自己是古老而永恒的网络中的一员，他们的观测数据都是建立在牢固的基础之上的，经得起任何冲击与流变的考验。因此，布里斯班有信心将帕拉马塔打造成南半球的格林尼治。

新任总督自费为天文台购买了仪器，并从英国海运到帕拉马塔，配备的人员有吕姆克和另一位灵巧的苏格兰织工①詹姆斯·邓洛普(James Dunlop)。天文台在落成后着实取得了一些成就。布里斯班早在1823年就说过："天文学不会一直停滞不前……待工程竣工以后，这将是澳大拉西亚献给全世界最好的礼物，无论是从所处的地理位置还是气候条件来看，这里都是无与伦比的。"5年后，皇家天文学会为布里斯班和邓洛普颁发了金质奖章。学会会长约翰·赫舍尔——双星及星云研究专家，不久后在好望角成为南半球天文学研究领域的一名资深专家——在得知帕拉马塔观测员所取得的成就之后不由得惊呼："由于地理位置的局限，我们无法目睹这些奇观，欧洲的天文学家或许只能对这些幸运的弟兄投来近乎嫉妒的目光了。"[26]

然而，虽然头顶着英国本土金质奖章的光环、拥有着令人艳羡的人员配置，天文台的事业却饱受诟病。1829—1831年，天文台出现了短暂的权力空白，这期间天文学家全部撤离，天文台处于无人看管的状态。建筑物和设备由于受到昆虫啃噬、自然侵蚀以及人为损坏等因素的影响，很快就被破坏殆尽。到了19世纪40年代初，天文台几乎已经无法使用了。1847年6月，调查委员会在查看了天文台的状况后汇报说，"建筑物的

① 此处疑似作者信息有误，詹姆斯·邓洛普是位天文学家，其父约翰·邓洛普才是织工。——译者注

地面和隔断看上去已经完全被白蚁掏空了”，很多观测用的书籍也都遭到了白蚁的啃噬。

> ……天文台的建筑严重失修，状况非常令人痛心。整座建筑物周围的地面爬满了极具破坏力的白蚁，恐怕已无望修复。天文台在修建之初质量就不怎么好，本是打算仅供私人使用的，因此其设计使用年限不过几年而已。

调查委员会为幸存下来的仪器和书籍开列了一份清单，建议将其另存别处或进行出售，而天文台则需关闭。此后不到一年，邓洛普去世，帕拉马塔天文台宣告终结。从保留下来的销售目录中可以看出，天文台昔日的藏品是多么可观。新南威尔士至少在10年内都不会再修建第二座天文台了。帕拉马塔天文台被拆除后，在原址立了一座方尖纪念碑。纪念碑落成时，澳大利亚著名的业余天文摄影师约翰·特巴特(John Tebbutt)——不久前他的私人天文台也被白蚁破坏了穹顶——称颂道：

> ……每当我独自一人静默于此，都不禁怀念起曾经为天文事业辛勤劳作的三位前辈：布里斯班、吕姆克和邓洛普……时过境迁，唯有经纬仪基座能够见证遗址昔日的辉煌，而这一切如今都已灰飞烟灭。[27]

Ⅲ

天文学不喜欢被遗忘，这项事业需要人们对数据和硬件进行不断的积累、记录和存储。我们要知道，正是由于观测仪器的制造和推广使用才使得那些装备齐全的旅行者成为殖民地的天文学家。马斯基林认为，要想成为天文学家必须具备以下条件：

……必须了解算术、几何、平面三角学、球面三角学还有对数知识，要有良好的分辨力和敏锐的听觉，身体素质良好，能够胜任白天数小时的计算工作和夜间的观测活动。还要能写得一手好字，时刻待命，能够充当性能稳定的算术计算机。[28]

精密天文学的基本行为规范是由马斯基林的前任詹姆斯·布拉德利(James Bradley)起草，由马斯基林亲自纳入行业制度的，其中包括眼与耳的高度配合；在观测星体运行时，需要用身边的摆钟来测量星体在目镜测微计的刻度格上所呈现的运行轨迹。以下是对当时工作的一段描述，谨以此向校准仪器的制作大师爱德华·特劳顿(Edward Troughton)致敬：

> ……天文学者的任务是，当他确认目标正在通过观测区域时，就可以计数并记录下此刻时钟显示的精确秒数及后面的小数部分了，每当这个目标被一根根垂直线平分时，观测者就要立刻点亮表盘，并将钟摆声音调大……要想出色地完成观测任务，就必须要有这样的辨别力。[29]

这项工作只是这一新兴科学的一部分，此外还需要质量上乘的纸张、玻璃和铜质仪器，当然还有对话。伟大的指挥官乔治·温哥华(George Vancouver)指出，“经过后期改进，六分仪上的望远镜增加了高倍放大功能”，这使得人们能够在海上进行日食观测。通过将“太阳的反射影像从空中拉回到地平线，日食的开始与结束便一目了然”。温哥华希望能有更多的观测者参与到定位工程中。或许这样，东北太平洋上的努特卡湾就可以成为当地的格林尼治了。[30]刻度盘的刻度划分是帝国远程测量活动的基础，在伦敦，有一帮仪器制造者专门为测量员、航海家和天文学工作者制造刻度盘，这种工作非常辛苦。

早在18世纪30年代，伦敦有位名叫约翰·哈德利(John Hadley)的工匠设计了一种木制的双反射八分仪，用来测量月球距离。到了18世纪60年代，这种笨重的仪器通常带有一个用象牙制成的刻度盘和一个铜制的标志杆，而木制部件都逐渐被替换掉了。1767年，马斯基林在其编撰的格林尼治航海年鉴中对月距法进行阐述时曾表示，希望仪器不要那么笨重，最好可以手持以便于在船上进行观测，而且还要能读出30角秒以内的角度，当星体移动至观测者身后时，仪器最好能捕捉到至少100度或120度范围内的景象。于是，哈德利的设计就要进行彻底的改良。[31]水道测量家亚历山大·达尔林普尔（Alexander Dalrymple）在自己的《航海测量论文集》（*Essays on Nautical Surveying*）中写道：从测定方位的效果来看，六分仪要比方位罗盘好得多。"这种仪器既可以在甲板上使用，也可以在桅杆顶端使用，观测范围明显扩大了很多。"1791年初，在一本由英国为温哥华印制的说明书中写道："使用哈德利象限仪在桅杆顶部进行观测既实用又方便……即便每一位观测者都知道这一点，但我们还是要强烈推荐一下这种设备。"[32]

然而，这种精心雕刻的仪器却面临着一个严重问题。由于仪器的刻度盘划分和雕刻全部需要由人工来完成，因此仪器在供应上就遭遇了瓶颈。此时，这个全球公认的仪器雕刻和记录中心正面临一个灾难性的危机。在伦敦，从事这项工作对眼力和手感的要求相当高，这是问题的关键所在。英国本土一位像约翰·伯德那样技艺高超的手工刻度师认为，在用大号长臂圆规在刻度弧上划分刻度时，"要想划分得精确，不仅需要用眼睛看，还要凭感觉"。于是，那些仪器制造行家便发明了所谓的"诱导"法，他们利用显微镜来检验长臂圆规刻画的点位，然后再"用尖细的锥头手动对这些点位进行校正，要么往前一点点，要么往后一点点"。很显然，这种"对手感和眼力都提出极高要求"的工作是相当耗时的：伯德手刻一件仪器要花费数周的时间。因此六分仪的产量极低，价格也相当昂贵。[33]

为了化解仪器供应方面的危机，有志青年杰西·拉姆斯登(Jesse Ramsden)率先在刻度划分工艺上实现了机械化改造，这项机械自动化生产技术是18世纪70年代率先在英国的纺织品行业、运输业和工程学领域发展起来的。与他同时代的另一位仪器制造师约翰·斯米顿(John Smeaton)对此大为赞赏，并解释说，拉姆斯登之所以要探索刻度划分的机械化生产方法，实现"哈德利六分仪和八分仪的大规模生产"，是因为他希望"节约时间"，毕竟让那些"头脑灵活的工匠每天从早到晚重复一种单调的动作是让人十分厌倦的事情"。[34]拉姆斯登对哈德利早期发明的只有5角分精度的仪器颇有微词，而他新研制的由机器划分刻度的15英寸①六分仪能将精度提高到6角秒。这种新型仪器体型小巧，结实耐用，而且制作精良。从拉姆斯登公布的一些技术信息来看，机器的主体为一只直径为4英尺②的转轮，转轮安装在一个固定的切割架上，架子上有一根蜗杆。经度委员会对拉姆斯登将机械构造公之于众的这一做法给予了特别奖励，并乐观地希望他能够为伦敦培训出至少10位制造者，因为"这些信息和说明文字足以让任何一位聪明的工人制造出同类机器并学会使用"。然而事实证明，这套方法很难推行。斯米顿解释说，其中一个关键的难点就在于，仪器制造对感觉的要求相当高，甚至超过对眼力的要求。他于1785年向英国皇

① 15英寸约为38厘米。——中文编者注
② 4英尺约为122厘米。——中文编者注

家学会提交的报告中称“对触觉准确性的要求是视觉的 15 倍”。[35]

然而，这种将传统的诱导法与感觉相结合的刻度划分法却不大受欢迎。于是又有人创造性地提出了单纯依靠视觉的方法，工人通过显微镜进行监控，同时辅之以刻度机的机械化操作。提出这个想法的就是拉姆斯登昔日的竞争对手兼同事爱德华·特劳顿。从 1775 年起，他就和兄长一起合作了，“和其他年轻人一样，我手不抖眼不花。可是每次当我利索地划分完两个刻度后，我的圆规就再也无法将刻度精确地一分为二了，刻度要么偏大，要么错位，甚至变形，简直太令人沮丧了”。对于当时由他和拉姆斯登发明的刻度机，特劳顿从未掩饰过内心的骄傲，但同时他也极力否定斯米顿的倡议——后者鼓吹说使用接触法划分的刻度可以精确到 1/50 000 英寸①——“从这一点来看，我们完全有理由认为，他的视觉还没有像触觉那么灵敏”。为了追求他们所谓的“时间经济”，特劳顿、拉姆斯登和其他在伦敦的同行经过不懈努力，终于将航海用六分仪的生产时间大大缩短至以小时计。在刻度机的帮助下，特劳顿手下的一名工人甚至可以只用 30 分钟就完成刻度的划分。[36]

机械化生产大大提高了六分仪的产量，仪器供应商们不仅获得了更高的利润，而且腾出了更多的时间用于研发更加高级的定制仪器供天文从业者使用。这些定制仪器有望取代象限

① 约为 0.5 微米。——译者注

仪，成为国家几所天文台尤其是马斯基林的格林尼治天文台的基本观测仪器。专业观测者们所使用的仪器全部由手工制作、手工划分刻度；而航海者所使用的仪器则全部由机器划分刻度，英国本土的机械化生产大大满足了航海者对仪器日益广泛而迫切的需求。1791 年 10 月，天文学家威廉・古奇（William Gooch）正赶去与一起参加太平洋探险的温哥华会合，在即将到达里约热内卢时，他遇到了麻烦。途中，古奇发现他那台特劳顿六分仪的测微螺旋被卡住了，木制框架受到了腐蚀，水平镜也松脱了。幸好这种仪器已经投入了全球化生产，进而化解了危机。在里约热内卢的港口，他们遇到了一艘正在向澳大利亚进发的罪犯运输船"皮特"号（*Pitt*），船上的犯人当中刚好有一位"曾经在拉姆斯登手下工作的主力"。这名正在服刑的工人修好了六分仪，使得仪器在抵达太平洋之前能够正常使用。的确，库克在每艘船上都配备了拉姆斯登六分仪，他最后那次出海就至少带了 4 台。[37]道斯在动身南下探险之前，花了数周时间在朴次茅斯对一台破损了的六分仪进行检测，当初这台仪器是拉姆斯登拿给他的，不过后来他还是花了 14 英镑买了一台新的。道斯甚至特意告诉拉姆斯登，优秀的仪器制造者在对仪器做出任何改动之前，必须先和马斯基林商量，"就六分仪现在的结构来看，你不可能预知这种仪器到时候会出现什么问题，你也不可能知道几年后仪器会得到怎样的改进"，因此有必要让观测者、仪器制造者和爱好天文学的绅士们一起相互协商。当然，经由这些船发运出去的仪器并不能保证测量的准确性。

操作人员对仪器的操作方法以及遇到的突发状况都会影响到仪器的读数和对数据的解读。[38]

格雷格·德宁(Greg Dening)认为，旅行者的资本全部都在那些专业的仪器上面了。“六分仪一旦失窃，那将是一个无法弥补的损失。”[39]然而令人惊讶的是，这种让人紧张的仪器失窃案件却屡屡发生。这些精心雕刻的仪器不仅能够帮助海员们确定方位，还能帮助水手和岛民们确定物品交易的地点。1769年，库克正在为自己的首航做着准备，他打算去塔希提岛观测金星凌日现象。他把伯德制造的半径1英尺①的象限仪带到了英国在沙滩上修建的堡垒上。然而仪器还没等拆包就被人从堡垒上拿走了。塔希提岛天文学与测绘专家图帕伊阿是这件事的关键中间人。天文学家约瑟夫·班克斯(Joseph Banks)和查尔斯·格林负责去追回这件珍贵的仪器。“这简直太难以置信了，那些光着身子、见到枪支就害怕的印第安人②竟然敢冒生命危险去做这样的事。”班克斯开始还以为仪器是被英国水手拿去拆钉子卖钱了呢。后来，这只被追回但已遭到破坏的象限仪在一位“巧手先生”赫尔曼·斯波林(Hermann Spöring)的帮助下修好了，他的老主顾班克斯那里“刚好有一套修表用的工具，这些便利条件让一切都迎刃而解了”。这宗象限仪失窃案已经成为英国历史上的一件轶事，还经常被格林的妹夫威尔士

① 1英尺约为30厘米。——中文编者注

② 此处的印第安人可能指的是波利尼西亚人，是蒙古人种和澳大利亚人种的混合类型。——译者注

提起。[40]

在这样的交锋中，那些热心助人的行为及助人者的资质是经常被谈及的话题。18 世纪晚期，英国人对天文仪器的所有权问题重新做了调整，他们极力争取将仪器的定制权和使用权把握在自己的手里，这对天文学家来说意义重大。大卫·特恩布尔曾巧妙地将欧洲的天文学家与波利尼西亚的专家进行了对比，他认为航海者携带的象限仪之所以屡屡失窃，其中一个原因就在于库克与马斯基林的关系紧张。当时，格林在一次航行途中不幸离世后，库克煞费苦心地保留了他的全部记录："我最关心的就是要保存好每一张观测记录纸，以供(皇家)学会查阅，那里保留了各种性质的观测记录。"他之所以这样做，是因为他猜测格林在做凌日观测时可能犯过一些错误，并且记录得不够规范。马斯基林曾严厉斥责过那些在塔希提岛进行观测的天文学家，认为他们得到的数据不够准确："他们所获得的数据彼此之间出入太大，已经超出了可以容忍的误差范围，其他观测者的数据之间可没有这么大的出入。大家使用的象限仪都是同样的规格，都出自同一个行家(伯德)之手，之所以会出现这么大的差异，一定是因为观测者不够细心或者缺乏沟通造成的，除此之外我不知道还有什么其他的解释。"库克听到这番指责后勃然大怒。1773 年，他再次去了塔希提岛，他在日志中这样写道：马斯基林"不是不知道象限仪曾一度落到当地人手里，仪器已被拆得七零八落，很多零件也被损坏了，我们不得不尽力修复才勉强使用"。[41]4 年后还是在同样的岛上，六分仪又被人从船上拿走，库克一气之下命手下人剃光小偷的头发，割下他的耳朵。虽然在其他军官的干预下，那个岛民还是被释放了，但他为了泄愤，放火烧了几个种植园，于是库克就把他囚禁在了船上。像这样剑拔弩张的冲突难免让人耿耿于怀。官员们对那些远行的代表团和仪器寄予了厚望，希望他们能够在良好的秩序下顺利完成交流和调查任务。[42]在关于原住民如何对待欧洲天文学和仪器的研究中，历史学家多半将它们作为贸易、盗窃和财产关系的某些方面来进行考量，这样做往往将人们的视线从社会关系上转移开来，而社会关系才真正是仪器日常使用的一部分。从这一时期的全局治理上来看，行为准则与天文测量、调查研究与主权统治之间的关系纽带无疑起着决定性作用。

Ⅳ

我们认为，英国在实现帝国野心的道路上，把天文学研究也纳入了其政治建设和意识形态建设的计划当中。在东印度公司于 1792 年修建的马德拉斯天文台矗立着一根巨型花岗岩石柱，上面架有一座子午仪，石柱上刻着如下题词：“英国在亚洲慷慨地播下了数理科学的种子。千年之后，我们的子孙会了解这段历史。”[43]那些殖民地天文台以及数量更多的临时控制点、斗争冲突和测量活动都是帝国统治的组成部分，这些也是人们想象中帝国的样子。在布里斯班即将远赴新南威尔士上任的前两周，英国皇家学会主席汉弗莱·戴维(Humphry Davy)这样写道：“我相信你会在即将远赴的那片新土地上为科学领域带来胜利的荣耀。”[44]殖民主义的规划尤其热衷于数字的大量累积，并不断发布成果，据说这样做可以帮助他们找到并展示自己的管理之道。

从这个角度上讲，帕拉马塔天文台台长一职便具有了一定的象征意义。[45]布里斯班推行的军事化管理、精确的计算以及他对精神价值的高度敏感使得他做事一直规规矩矩。有一次，在聆听一场鼓舞人心的布道时，他构思出了一套“既有利可图，又令人愉快”的囚犯就业计划。本着类似的目的，他为帕拉马塔附近的一家机构提供了土地、工具、几名囚犯和一间小教堂，旨在“尝试让殖民地的黑人和白人在同一屋檐下学习基础的知识和宗教思想”。[46]尽管布里斯班在每年的12月都会与原住民一道参加在帕拉马塔集市举办的大型集会——因为在他看来，他们应当而且可以加入福音派的“文明”体系——然而他的计划却加速了欧洲人聚居区那些原住民的贫困化进程。他的宗教良知始终为他指引着方向，出于精神和经济双重因素的考虑，他时常提醒自己与世界保持一定的距离。“如果说伽利略历尽千辛万苦，成功地将最遥远的天体带到了我们身边，那么我们的国人瓦特便是那个将最遥远的国家带到我们身边的人，他也因此而永垂不朽。”在英国，蒸汽机的发明大大提高了生产力，减少了国内棉制品行业对印度市场的依赖，而此前英国为从印度进口棉花“至少付出了2万英里①航程的代价”；类似的经济学也将适用于澳大利亚。这是一个将中国的鸦片战争看作“将基督教的知识之光带到这个广袤帝国”的男人。在一间小教堂的长座椅上，他翻开了自己的心灵日记本，粗略地估算了英国未来的人口数量，不禁对生活在其他星球上的人类产生了遐想，进而又想到了神的恩典：“让我非常惊讶的是，能够真正理解这一无价之宝价值的人几乎寥寥无几，就如同人们很难理解在这些不同的系统内部其实存在着有关机制与编排的无限可能。”[47]

那些谴责布里斯班不理政事的批评家或许认为，这位总督之所以毫无政绩是因为他将全部心思都花在了天文观测上。然而布里斯班却看到了借助上天之力的政府管理、殖民地治理以及个人救赎之间的关系，他所从事的包括调查、统计及审查在内的科学工作也是为了维护良好的社会秩序。在世界范围内测量秒摆的摆长有助于判定地球的形状，推动了国家计量学的改革；对磁力及磁力方向的研究有助于揭示指南针的工作原理；对双星数量的普查将为恒星视差、恒星自行以及万有引力的计算提供方法。有了合适的天文仪器，天文学家甚至能了解遥远星云和星团的情况。这些新兴观测科学的发展离不开对殖民地这一开化之地的卓有远见的规划。1837年圣诞节之际，帕拉马塔天文台几乎陷入绝境，布里斯班早

① 2万英里约为3.2万千米。——中文编者注

已回英国多时。新南威尔士总督的既定人选乔治·吉普斯(George Gipps)正在去往悉尼的路上，在绕过好望角时，约翰·赫舍尔在南非款待了他。节礼日期间的南非酷热难当，赫舍尔在席间向吉普斯指出了殖民地天文台的症结所在。帕拉马塔的经纬仪应当送回国内维修，“没有哪个国家的观测员比英国本土的观测员更加充满热情、充满精力和学识了，他们高超的技艺以及来自国家的支持”都是无与伦比的。因此，帕拉马塔不要再去做那些基础的子午线工作了，而要把自己变成计量科学的前沿阵地，变成“澳大利亚、中国及南太平洋的地理学原点”，同时成为“英属澳大利亚从事常规测量和科学三角测量的中心”。那里应当保留帝国通行的重量标准和长度标准，并将副本交由殖民地地方行政官及测量员妥善保管。“如果一个新国家的国民”大多由“精力旺盛”的释囚构成，那么它不久就会陷入“无休止的官司”当中，关于好望角的调查就很好地证明了这一点。因此，帕拉马塔天文台最好能够按照赫舍尔的设想去发展，即研究潮汐、地磁学和气象学，或者去研究由他的新朋友查尔斯·达尔文所提出的珊瑚礁理论。[48]

赫舍尔一心想把自己心目中的澳大利亚天文台打造成一个能够在殖民体系内调动全球科学资源的典范。在离开非洲回到帝国首都之后，他便开始兜售自己的计划，为的是能够招募一些海军测量员，以推行全球的地磁测量运动。特别值得一提的是1842年他为邱园天文台撰写的那份声明，语言极富感召力。当这座天文台遭到英国皇家学会的冷落时，英国科学促进会出面完成了接管。也正是在那一年，布里斯班建立了自己的地磁观测站。10 年之后，他的一名手下接管了邱园天文台。雄心勃勃的邱园标准机构作为“光学天文学”的存储设施和测试场所成为计算与警戒网络上的一个重要节点；随后，在新兴的电工学及天体物理学领域也开始发布高质量的观测数据。与此同时，赫舍尔与他的同行一道着手印制那本颇有影响力的英国海军手册(《科学调查手册》)，将这套测量体系推广到了整个帝国乃至全球。[49]本书通过一些事例说明了帝国统治者如何以及为何要将天文学家和仪器制造者的工作作为实现帝国抱负的重要资源。为了在权限范围内尽可能地获得科学的观测数据，他们改变了统治所依赖的关系。[50]

第七篇　黑人在英国海洋世界的境遇

菲利普·D. 摩根

大卫·麦克弗森(David Macpherson)的多卷本纲要《商业年鉴》(*Annals of Commerce*)于1805年在伦敦出版。该书在序言中这样写道：航海如同“给商业插上了翅膀”。因此，书中除汇辑了船舶数量、价格及商业票据等资料外，还记录了人类在航海方面所取得的进步，并将此称为“最有价值的艺术”。为此，第三卷关于1763年的大事件中有了这样的记录：“有人无意中想出了一个妙计，可以让船只在遭遇海上风暴时更容易驾驭，那就是在缆索[①]末端拴上一只闲置的帆桁。这种浮锚好比人为制造的上风岸，目的是让主船处于下风位置，进而得到更好的保护。在巨浪翻滚的海面，一旦遭遇劲风，主桅被切断，船只依然可以保持船头向前，迎风行驶。”这是一种简易形式的海锚，当船舶行驶至深海区，在普通锚无法触及海底但又亟须确保船头处于迎风方向的情况下，就可以使用这种方法。麦克弗森还写道：“世人要感谢这项由黑人海员做出的改进，目前这种做法已被普遍采用，非常

① 此处疑似作者笔误，原文使用的是hauser，应为hawser，意为“缆索”。——译者注

成功。”[1]

再来到本书所涉及的时间的末尾，1815 年 9 月 2 日出版的《泰晤士报》曾报道过皇家海军舰艇“夏洛特女王”号(HMS *Queen Charlotte*) 上一位女船员的故事。她来自非洲，据不实报道称，她已在皇家海军服役了 11 个年头，从多艘舰船的船员名册来看，她登记的名字是“威廉 · 布朗” (William Brown)，而且水手等级已达到“熟练兵”级别，“有一段时间”她还担任过副舰长，负责前桅楼事务，深得军官们的垂青。她长得“灵巧而匀称，身高一米六三左右……力气很大，很有活力”，年纪在 26 岁上下。《泰晤士报》用一种略带种族优越感的口吻称，她的长相“对**黑人**①来说已经相当帅气了”。而与此同时，“在她身上也体现了英国水手的全部特质，比如，晚上她经常和室友们一起痛快地喝兑水的烈酒”。她之所以受到关注似乎是因为她因赏金问题与丈夫发生了争执。故事最后以她宣布“打算再次加入志愿兵”而结束。这位刚毅女子的故事着实生动，可实际情况却乏善可陈。据“夏洛特女王”号的船员名册显示，1815 年 5 月 23 日，的确有一位名叫威廉 · 布朗的人在查塔姆注册登记，年龄为 21 岁，出生地为格林纳达。不过看看这位登记在案的布朗，她的水手等级根本不是什么熟练兵，只不过是一个入职还不到一年的新手，而且在 6 月 19 日就被开除了，

① 原文为斜体。——译者注

理由是“因为她是女性”。很显然，《泰晤士报》把她与另一位威廉·布朗搞混了。这位威廉·布朗是一位 32 岁经验丰富的水手，苏格兰人，而且的确在“夏洛特女王”号上服役过一段时间，他极有可能是副舰长的候选人，负责前桅楼事务。[2]

这两则故事发生的年代刚好构成了本书所聚焦的时间范围，即 1763—1815 年。两则故事都有助于反映黑人在英国海洋世界里的日常角色——一则是关于一个黑人海员的小发明，另一则是关于一位黑人女性的夸张轶事（虽然她只服役了一个月，但毕竟在海军舰船上待过）——但同时也令人警醒。麦克弗森大概不会受人指使去杜撰那个发明者的故事，不过《泰晤士报》显然夸大了事实。大海是一个奇象环生的世界，由此诞生了大量的神话传说；那个扬帆远航的年代也容易引发人们对浪漫往事的无限遐想。按照这个逻辑，我们再来看一幅画像，它曾多次出现在那些关于黑人水手的书籍和文章当中。据说，这位黑人水手曾经是罗得岛私掠船上的一名船员，美国独立战争爆发时，他正在海军服役，并在这期间获得了自由。但据最近的一项清理调查发现，实际情况并非如此。主人公的原型本来是位白人，伪造者之所以篡改了人物形象，想必是因为黑人英雄的画像会有更好的销路。这种贸然篡改海洋历史的行为真是自欺欺人。[3]

无论黑人在不列颠海洋世界中所扮演的角色是否被夸大了，但撒哈拉以南的非洲人及其后裔的确要比其他民族在更大程度上参与了商业贸易及海上的运输活动。保罗·吉尔罗伊(Paul Gilroy)曾自创了“黑人的大西洋”(black Atlantic)这一术语。他认为，用这一术语或许可以表明黑人“之于大海尤为重要”。尽管吉尔罗伊仅仅点到为止，但他对大西洋的生动描述却值得深入挖掘。大西洋洋面“不断有黑人穿梭来往”，他们“乘坐着新式的交通工具穿过各国边界，而这些交通工具本身就犹如一个个杂糅了不同语言和政治立场的微小系统”。当然，在这一时期黑人主要是作为商品来参与流动的。跨大西洋的奴隶贸易堪称世界历史上最大规模的被迫式的海外迁徙。据数据库的最新数据显示，在跨大西洋奴隶贸易中，已记录在案的航次总数几乎达到了3.5万(而首次公布的数据为2.7333万)，其中经英国贩运的非洲人就多达约320万人，占所有国家贩奴总人数(1230万人)的1/4还要多。英国参与奴隶贸易最活跃的时期是在七年战争之后。在其贩奴活动的差不多最后50年里，经由该国贩奴船横渡大西洋的非洲奴隶就达200万人之多，占其贩卖总人数的60%。18世纪90年代，英国的奴隶贸易达到了顶峰，一年当中被贩卖到海外的奴隶人数就多达3.9万人。总之，再也没有哪个民族像非洲人民这样经历过如此大规模的背井离乡式的迁徙了。如果用一个主题来概括黑人在大英帝国的遭遇，那就是被迫式的海上迁徙。[4]

然而，非洲人及其子孙在帝国范围内并不仅仅是任由他人转移的物品，他们也充分参与着海上的活动。他们还是行动的主体，而不仅仅是被作用的对象。他们也会**携带**[①]商品，而不仅仅**作为**[②]商品被运输。非洲商人、引航员、船夫、语言行家以及搬运工人都是非洲沿海重要的活动参与者。在中央航路，主要由于欧洲船只在非洲沿海地区会遭遇人手严重短缺，于是一些非洲人有时就会去贩奴船上临时充当护卫或水手。特别是在战争年代，每当情况危急时就会有大批的黑人加入商船队，或者去私掠船或在皇家海军做一些辅助性的工作。在美洲，尤其是在大片的种植园地区，黑人都在大规模地从事着沿海运输、内河航运及渔业活动。或许从整个大西洋范围来看，黑人水手在数量上不及船坞工人、搬运工和从事苦力的黑人，但海洋奴隶制还是为新大陆的种植园经济提供了重要的人力保障。

本文的写作目的主要有三点：首先，我们会着重介绍黑人在海洋世界中的各种遭遇，因为纵观大西洋世界，黑人参与的海洋活动形式不尽相同；其次，我们会讲述一些能够反映真实情况的个人经历，这样做不单单是为了传递其中所包含的人情味，更重要的是可以通过这些生活细节来了解其背后的现实意义；最后，我们将探究一个著名的悖论——贩奴船一方面让无数非洲人遭遇了梦魇，另一方面又让他们最大限度地实现了自由。正如博尔斯特(Bolster)所言，“如果说贩奴船一直代表着汇集了多个对立面的集合体……奴役与自由、

①② 原文为斜体。——译者注

剥削与愉悦、分离与团聚”，那么这种二元对立在黑人身上全都显露了出来。他们的大部分海上经历都是在贩奴船的货舱里度过的，这是一个让人心生恐惧的地方，一个充满着无尽痛苦与折磨的地方。然而对极小一部分人来说，他们又十分向往海上的工作，因为在那里他们可以自由地活动，可以逃避更加严酷的陆地生活，甚至可以拥有一定的自主权。自由在召唤，即便这种自由总是成为泡影。[5]有趣的是，在描述黑人船夫时，大西洋两岸的欧洲人都使用了极为相近的词语：在非洲沿海的欧洲人会说这些黑人“卑鄙”而“无耻”；而美洲一侧则会说这些黑人“狡猾”而“张狂”。在欧洲人看来，黑人船夫太过独立——这也能够说明，海上的工作的确能够培养黑人的自治能力。如果说白人海员可能属于最容易被边缘化的一类人，那么黑人船夫和水手则更懂得去争取特权，更加圆滑世故了，甚至更会积累财富。因此对黑人来说，纵使航海险象环生，但它也意味着机遇。若非篇幅所限，这一矛盾背后的更多细微差别还是值得我们去深入挖掘的。

I

18 世纪末 19 世纪初，英国的贸易伙伴几乎遍布西非及中西非海岸的各个地区，但其中一个占统治地位的(至少就奴隶贸易而言，毕竟奴隶是当时最受欢迎的商品)沿海地区就是比夫拉湾，即今天的尼日利亚。18 世纪中叶以后，在英国人通过海路贩卖的非洲人口中，约有 40% 都来自这一地区。从那里出发贩卖至英国的奴隶数量比位列其后的两个地区的数量总和还要多，即便贩奴船上的死亡率一直居高不下，而且包含大量的女性奴隶。另外两个位列其后的地区，一个是黄金海岸（从该地区输出的奴隶人口数量占英国奴隶贸易总量的 1/5），另一个是位于中西非的卢安果海岸（从该地区输出的奴隶占比为1/6）。1807 年以前，非洲这三个沿海地区的贸易量就占到了英国贸易总量的 3/4，而其余 1/4 则较为平均地分布在其他四个地区，按排名先后依次为向风海岸、塞拉利昂、塞内冈比亚和贝宁湾。[6]

对英国来说最重要的两个非洲地区当属比夫拉湾和黄金海岸了，然而从非洲的海洋视角来看，这两个地区的反差却非常明显。尽管比夫拉湾的渔民也会同其他沿海地区的社群进行贸易往来，但该地区似乎并没有深厚的航海传统。由于沃尔特河东岸分布着广阔的潟湖水系与河网，因此居住在这里的人们并不需要像非洲其他地区的人们一样从事航海活动。内河航道远比海洋环境要更安全，可以避免诸多不测，而且广袤的尼日尔河三角洲覆盖了比夫拉湾沿岸的大片地区，这为当地人民的交通和渔业带来了诸多便利。相反，黄金海岸却不具备这样的条件，它“坐拥海滩，背后是相对开放而干燥的国家，从内陆到大海的交通极为便利，那些狭小的海角”散布于海岸边，成了良好的避风港。欧洲人在这里修建了许多堡垒和工厂。而且，相较于比夫拉湾的同行们来说，黄金海岸的船夫更加熟悉大海的秉性，他们能够轻松驾驭汹涌的巨浪。18 世纪 70 年代中期，皇家海军“帕拉斯”号(HMS *Pallas*)上的一位少尉军官加布里埃尔·布雷(Gabriel Bray)(1750—1823)创作了一幅充满活力的人物素描，画的是三位来自非洲的船夫，他们面对滔天的巨浪毫不畏惧，站在船上用力地划着桨。这幅画描绘的很有可能就是黄金海岸的场景(见图 1)。这些船夫每隔一段时间就会为欧洲商船输送一些奴隶；他们可以将数量惊人的货物从船上搬到岸上；会在天气不好的时候成群结队地出海打鱼。这些人还培养了政治觉悟：1753 年，他们在为英国修筑堡垒期间举行了罢工。截至 1790 年，约有 1000 名船夫曾在黄金海岸沿岸工作。[7]一个叫明纳(Mina)的人甚至跑到安哥拉去做交易。每当欧洲人要去东面的贝宁湾做贸易时，都要带上黄金海岸的水手和他们的独木舟。那些来自黄金海岸的船夫带着货物和奴隶，穿梭于海岸与欧洲商船之间，成为奴隶海岸(或称贝宁湾)沿岸重要的中间人。

尽管比夫拉湾的海运业不够发达，但那里的船夫却扮演着重要的角色。他们负责将活人货物带到装运地点，把船上的货物卸下来，再往船上装载一些饮用水和食物，供下一段航程使用。在这一沿海地带，贸易不是在边界贸易站进行的，而是在停靠于河口处的船上完成的。约瑟夫·班菲尔德(Joseph Banfield)是贩奴船“安德鲁斯”号(*Andrews*)上的二副，这艘船经常停靠在布里斯托尔进行奴隶贸易。说起自己 1768

年第一次去老卡拉巴尔的那段经历，约瑟夫仍然记忆犹新，因为他的三副在附载大艇上“与非洲人进行交易时”被他们杀害了。正因为他们的独木舟不经常出海而只是在附近风平浪静的潟湖和大河里航行，所以比夫拉湾这些当地的轮船算是在非洲能见到的比较大的船只了。相比之下，在里奥雷亚尔(位于尼日尔河三角洲东部，邦尼河与新卡拉巴尔河交汇的河口)见到的独木舟船体都比较宽大，至少可以容纳 80 人，船长可达 21 米，船宽超过 2.1 米，有些船甚至还有平台(欧洲人称之为上层后甲板)。18 世纪晚期，有个欧洲人曾在邦尼湾看见过“多只能容纳 120 人的独木舟”，这些船是用来做奴隶贸易的，返航时一次就可能装运 1500 名至 2000 名奴隶。邦尼湾是 18 世纪晚期同英国进行奴隶贸易的最重要的港口，该地以装运奴隶动作之快而著称，其速度是竞争对手老卡拉巴尔的 2 倍。能够具备这种能力在很大程度上要归功于那些大型独木舟，它们要经常捎运来自内地集市和市场的货物和奴隶；此外，还与阿罗商人运送战俘的快速高效有关。[8]

比夫拉湾与黄金海岸之间的鲜明反差也可以从上几内亚海岸的状况中窥见一斑。上几内亚海岸由三个沿海区域组成，分别为塞内冈比亚、塞拉利昂和向风海岸。18 世纪末 19 世纪初，从英国前往上几内亚海岸的人数远超欧洲其他国家。在该地区诸如河口、潟湖以及在几内亚比绍连通热巴河、格兰德河与科鲁巴尔河附近各地区的航道周围，都有一些天然屏障、礁石及岛屿，它们将汹涌的大海阻隔开来，圈出一片平静且易于通航的水域，因此比亚法达①的水手敢于驾驭较大的独木舟外出探险。其中体型最大的一只独木舟，除可容纳100多人及牲口外，还能承载大量货物。这里得天独厚的优势为水上交通提供了极大的便利——塞拉利昂河口有着堪称西非最优良的气势恢宏的港口，而冈比亚河即便在河流上游也能让远洋航行的大船行进300千米。相比之下，沿岸其他一些地区就极不适宜海上航行了，比如从塞内加尔河向佛得角半岛延伸出去的格兰德科特这段海岸线以及大角山周围的那片地区就不适于航行。如此看来，在这一地区未能形成航海传统也就不足为奇了。于是，佛得角半岛以南的戈雷岛便成了远洋航行途中可做短暂停留的最佳地点。[9]

那时，上几内亚海岸的某些地方还因培养了技艺精湛的非洲水手而远近闻名。欧洲人会从那些深谙大海习性的人当中招募一些*grumetes*（葡萄牙语，用来指船舱服务员或见习水手）或*laptots*（沃洛夫语，指水手）。这些人既可以作为引航员协助引航，也可以充当水手驾驶小船，抑或是做些翻译工作。他们有可能是些葡裔非洲人，或者是获得了自由的非洲人，还有可能是当地的奴隶，但这些人并不同于奴隶堡里的奴隶或是工厂里的奴隶，后者还要为欧洲人驾驶商船，直接受他们的控制。见习水手通常只打短工，他们的工钱有一半要拿出来交给男女主人。他们还受到非洲和葡萄牙航海传统的启

---

① 对生活在几内亚比绍、塞内加尔及冈比亚、讲腾达语（尼日尔-刚果语族）的人的总称。——译者注

发，发明了一种小船，这种船的主体为一截被掏空了的原木，船上铺有一些横板，有帆，甚至还有舵，这一发明无疑改良了塞内冈比亚的航海技术。18 世纪晚期，有大批见习水手在几内亚海岸为英国人打工。在黄金海岸以北的那些小岛上，几乎每一个欧洲人定居点都对技术娴熟的非洲船夫和海员有着迫切需求。1770 年，约瑟夫・班菲尔德第二次远航赴非洲，船只在行至冈比亚河时遭遇倾覆，陪在他身边的很有可能就是一位非洲当地的水手。这位“黑人同伴”在为他谈判时，两人遭遇了岸上武装人员的袭击。[10]

沿几内亚海岸继续向南——在所谓的马拉奎塔海岸，大角山以南(这一地区后来成为今天的利比里亚)——生活着克鲁人。他们以善于在欧洲商船(包括驶往美洲的贩奴船)上找工作而闻名。加布里埃尔・布雷曾专门作画描绘三位被西化了的非洲人，画中的非洲人正在砸击种子或是坚果，他们一个人手里拿着锤子，另一个人扶着木桶，他们很有可能就是克鲁人(见图 2)。1787 年塞拉利昂建国后不久，克鲁人就开始划着独木舟去到 500 千米之遥的新殖民地寻找工作机会了。1816 年，克鲁人的移民人口达到了一定规模，于是他们就在弗里敦附近建立了“克鲁镇”，截至 1819 年，居住在镇上的克鲁人就超过了 500 人。他们不但善于推销自己作为水手的本领(见图 3)，而且——用一位历史学家的话来说——还经常“在欧洲人的船上贩卖杂货”。他们通常会售卖一些自产的胡椒，称胡椒可以预防痢疾；还会售卖一些稻米、淡水和火柴之类的商品；此外，他们还会做一些日常的维修。这些人凭借着对商机的把握以及敏锐的经济眼光成为航海民族的代名词。[11]

从以上对非洲部分沿海地区的大致描述中我们不难看出，非洲人参与的海上贸易活动虽然分散零乱，但可谓广泛。这种多样性不仅体现在空间上，还体现在性别方面。比如，在非洲沿海地区，男性多负责引导欧洲商船进入港口、搬卸货物、将交换来的奴隶带到船上、站岗放哨，有时他们还会随欧洲商船一起出海，担任水手、厨师或者翻译。男人之所以有机会出去从事这些工作，在很大程度上是基于对女性的剥削。同大西洋其他沿海社群一样，非洲各港口也是女性人口占绝大多数。尽管当地人的大部分食物是由男性渔民负责提供的，但售卖鱼类的全都是女性。制盐是女人的工作，很多搬运工也是女性，妇女们还要承担大部分的农活儿和家务。尽管出海通常是男人的事，但最基本的辅助性工作全部落在了女人的肩上。[12]

Ⅱ

奴隶三角贸易的中央航路无论从哪方面来看都是麻木而愚昧的，而且情况也比较复杂。其中一个主要特征就表现为不同贩奴船上奴隶的性别比例与年龄结构差距较大。在来自塞内冈比亚的奴隶当中，儿童占比很小，平均仅为6%；而在来自中西非地区的奴隶当中，儿童占比却高达 20%。比如，有一名 7 岁左右的非洲小女孩，从向风海岸(即上几内亚)出发(从这里输出的奴隶基本为成年人)，于 1761 年夏抵达波士顿，她很有可能是船上七八十个奴隶当中唯一一个儿童。她搭乘“菲莉丝”号(*Phillis*)纵帆船，最终被送到约翰和苏珊娜·惠特利(Susanna Wheatley)的家里，于是就改名叫菲莉丝·惠特利。在 18 世纪的后 25 年，从比夫拉湾输出的奴隶当中有 1/3 是妇女，而来自其他地区的奴隶当中女性比例却大多不足 1/4。通常来讲，在男性奴隶与女性奴隶中间会设有隔离栏，但在女性数量比平常多的船上，造反的可能性或许更大，很有可能是因为船上的奴隶都不带枷锁，他们更容易拿到武器或钥匙。此外，从非洲不同地区输出的奴隶在年龄和性别上的比例差别也很大，造成这一现象的原因是多方面的：其一，将奴虏从遥远的内陆地区带出来，显然运输成本很高，因此男性奴隶成为首选，而且要尽量避免捎带孩童；其二，由于男性或多或少地加入了跨撒哈拉贸易这项原本吸纳大量女性参与的工作，这也导致了跨大西洋贸易中可获取的男性数量偏多。此外，战俘也经常被当作奴隶运往其他国家。而且，鉴于不同地区对女性劳动力的需求程度不同，女性奴隶的占比也会因此有所差别。总之，造成各地区奴隶在年龄和性别方面差异的原因是多方面的，但主要原因还是在非洲方面，而欧洲国家在奴隶购买环节以及奴隶到达美洲目的地之后的一些影响因素则次之。[13]

另外一个主要差异与死亡率有关。贩奴船上的死亡率要远高于其他船只，除了那些运载契约工或囚犯的船只外，没有哪个船只会像贩奴船那样拥挤得密不透风了。尽管随着时间的推移，在横渡大西洋的过程中死亡的奴隶越来越少，但纵观整个漫长的奴隶贸易史，非洲各地区的奴隶死亡率一直存在显著差异。死亡率不仅与非洲不同的来源地有关，而且哪怕是在同一地区的不同港口之间也会存在差别。比如，不同的奴隶输出腹地、奴隶俘获地距离港口的远近以及运输过程中经过流行病区的数量等，这些都是决定船上奴隶死亡率的关键因素。从比夫拉湾输出的奴隶，其船上死亡率比中西非地区高出了120%，或许中西非地区能够成为横跨大西洋最大的奴隶供应地并非偶然；或许也是出于同样的原因，黄金海岸的阿挪玛普港成为18世纪下半叶同英国进行奴隶贸易的第二大港。从这一港口输出的奴隶，船上死亡率仅为7%，而从海岸角城堡输出的奴隶，死亡率却为13%。[14]

船上奴隶造反的形式（约有1/10的船只会遭遇奴隶叛乱）在非洲沿岸和大西洋之间也存在较大的地域差异。与那些在中西非或比夫拉湾进行交易的贩奴船相比，在上几内亚交易的船只上奴隶更容易造反。从上几内亚起航的贩奴船奴隶造反比率非常高，相较于从非洲横跨大西洋运往美洲的贩奴船而言，前者的造反比率几乎比后者高出了4倍。由此可见，造反率较高的船只最终送达的奴隶数量最少；而绝大多数奴隶都来自那些造反率相对较低的地区。[15]

有人曾将贩奴船比作“漂浮在水上的恶魔岛”，船上的水手既是海员又是狱吏。在戴维·埃尔提斯（David Eltis）看来，“那些负责将奴隶押运到美洲的人同非洲奴隶之间的关系可以说是各种人际交往形式当中最简单的一种了”。由于旅途通常都很短，因此几乎没有机会让船员和奴隶们相互认识；船上到处充斥着野蛮与威胁，还夹杂着各种污秽、疾病甚至死亡。船员要时刻保持警觉，因为通常一个船员要对付一大群怒不可遏的非洲异类。贩奴船上的恶劣气氛大体可以用恐惧与怨恨来形容，难怪贩奴船上的火力配置与人员配置都至少要比同等规模的商船高出 50%。可以说贩奴船体现了最赤裸裸的统治形式。[16]

然而，即使在船员的组成上，也会存在些许差别。一个明显的现象就是，贩奴船上的厨师一般是由黑人来担任的。比如 1796—1807 年，在从利物浦离港的 53 个航次的贩奴船中，黑人厨师就有 36 位。而且，从欧洲离港的个别贩奴船上会有大批的黑人船员。1786 年，“塔尔顿”号（*Tarleton*）贩奴船载着 46 名船员离开了利物浦港，其中黑人船员就占了 9 名。同样，1803 年在从利物浦出发的“希伯尼亚”号（*Hibernia*）船上，35 名船员中有 7 名是黑人。斯蒂芬·贝伦特（Stephen Behrendt）曾做过一项调查，他通过对英国 200 多艘贩奴船上的 4000 余名船员进行分析后发现，在这些至少来自 26 个国家的船员当中，黑人只占到了 2%。因此他认为“塔尔顿”号和“希伯尼亚”号的情况只是个例外。或许在那些从美洲港口出发的英国船只上黑人船员的数量要比从英国出发的黑人船员数量多一些。18 世纪 70 年代发现了一位名叫本(Ben)的黑奴的罕见证词(他来自罗得岛纽波特，曾被雇用去做水手)，证词中表明他至少在格林纳达与黄金海岸之间经历过 2 次非洲贩奴航行，而且看起来与他有同样经历的人还不止他一个，因为他还提到了一位名叫迪克(Dick)的水手，这人大概也是名奴隶。还有一艘来自罗得岛的“探险”号(*Adventure*)贩奴船，船上有 10 名船员，包括一名“黑白混血儿”、一名“仆人”[这个人很可能是奴隶，因为他的名字只显示为弗兰克(Frank)]以及一位名叫约翰·沃里克(John Warwick)的“印度人”。曾有 600 艘船从英属加勒比地区出发驶往非洲，船上极有可能雇用了大批的黑人水手。1785 年，“阿米蒂”号(*Amity*)纵帆船驶离了弗吉尼亚的诺福克港，开始了一段贩奴航行，船上搭载的船员当中有不少黑人或黑白混血人。由于抵达巴西的很多贩奴船起初也是从这里的港口出发的，很多船上都有奴隶船员，因此，1795—1811 年在抵达里约热内卢的贩奴船中，约有 40%的船上都有奴隶船员，到达时平均每艘船上有 14 名。[17]

在非洲沿岸，有时甚至单就中央航路来看，船员的构成就已经变得更加混杂了。每当有白人水手因致命疾病而不治身亡时，有些船长要么雇用黑人水手，要么就购买奴隶来担任航行中的护卫。于是，一位驻扎在黄金海岸的代理商在笔记本上做了如下记录：“无论哪艘英国船只因船员死亡而人手不足，芳蒂①水手都会毫不迟疑地登上船，等完成任务后再随船返回。”1772 年在弗吉尼亚，两名非洲船员在布里斯托尔“灰狗”号（*Greyhound*）贩奴船上认出了他们的两个同乡（二人曾是统治者家族的成员，后来逃了出来），最终让他们得以成功返乡。尽管下面的情形的确存在——即购买护卫，让他们用鞭子管理船上的补给，然后再购买大批奴隶继续向东行进，因此护卫与俘虏之间毫无亲近可言——但就较长的时间范围来看，这样的情况似乎不那么经常发生，或许他们认为这样做太冒险。最后还有一种方法，通常只在遇到突发状况时才使用，那就是训练一些奴隶去做水手。比如 1792 年，布里斯托尔“美人鱼”号（*Mermaid*）双桅船在即将抵达格林纳达时，船上只剩下 4 名船员了，而且身体都相当虚弱——当初从非洲海岸出发时，船上原本有 14 名船员。在这种情况下，船长还是“在几位黑人小伙子的协助下”，成功地将船停靠在了码头，而他的高明之处就是对这些小伙子“稍稍做了一下有关船舶操作方面的培训”。[18]

最后一个差别就是英国的跨大西洋奴隶贸易是否需要经历两段航程。英国贩奴者越来越多地控制着西属及荷属美洲殖民地的市场。有 20 余万非洲人口被从英属加勒比地区贩卖到其他国家的殖民地——主要为西属美洲，另外还有荷属及法属的领土。此外，仅就大英帝国而言，就有超过 10 万的非

① 芳蒂人，居住在加纳沿海地区的部族。——译者注

洲人口要么被迫从英属加勒比地区迁往北美洲，要么在西印度群岛内部迁移。有将近15%的非洲人在抵达英属美洲后，还要换乘其他船只继续被分配到各地。在抵达美洲大陆后，第二段航程更是加剧了非洲人民的流离之苦，因为他们要再次经历一段航程，再次被筛选、被分隔、被售卖，甚至再次面临死亡的威胁。他们原本还有可能因为语言和文化相近而结识新的伙伴，可这样一来连这最后的一线希望也破灭了。有相当一部分非洲人要经历两段航程（而非一段）才能最终到达在美洲的目的地。[19]

Ⅲ

从整个美洲范围来看，人们在不同的海洋环境下所面临的工作机遇也会有所差别。由于篇幅所限，本书将集中探讨环加勒比地区的情况，大致范围从圭亚那到马里兰州这一区域。在这片广阔的区域内，很多船只在黑人引航员的指引下驶入了港口。在其他很多地方，欧洲船只也需要支援船的帮助。奴隶基本上垄断了该地区的支援船，例如浅水船、内河船、单桅快船、小艇，还有在那里随处可见的独木舟。一旦有大船驶入港口，那些小贩船便会突然出现来兜售杂物，因为当地的奴隶急于将物件售卖出去，有时是出卖他们的身体。1756年在安提瓜岛的英吉利港，一位海军上尉称自己曾“在一个周日的傍晚”见过“350名妇女在船上喝酒、过夜，天一亮她们就纷纷散开，去到各自所在的种植园了”，当时的情景仿佛“一群炭黑色的妻妾在嬉闹”。[20]

在城市的中心区，有很多奴隶直接或间接地参与着海洋活动。有一些商人经营着大公司，公司的规模几乎和微型种植园差不多。1817年在圣文森特的金斯敦①，一位商人手下就有35名水手外加6名海滨工人；而在牙买加的首都金斯敦②，一位商人在自己的纵帆船上雇用了7名水手，此外还有7名“码头黑奴”、13名畜圈工人、12名木匠和2名仓库管理员。港口城镇通常聚集了很多单桅船或纵帆船(在加勒比语里叫货船)，这些小船通常用来在沿海各地之间运送货物。奴隶们除了可以做引航员、海岸水手、本地船夫和渔民之外，还可以提供大部分仅次于专业水平的服务，比如产品制造或者船只修理、船缝填塞、细木工活和船帆修补，另外还包括一些比较单调的工作，比如做锯木匠、搬运工和码头苦力(当地叫作“码头黑奴”)，等等。与非洲类似，这里也有一套女性化的基础服务行业，比如洗衣工、流动小贩，或者厨师、廉价小酒馆的经营者，还有赌场的荷官，抑或是一些高档旅店的老板，等等。[21]

在农村，奴隶们也会去海边或者海上谋求生计。他们会撑着方头平底船或渡船在英属圭亚那各内河航道及大河河口

---

① 此处金斯敦(Kingstown)指圣文森特和格林纳丁斯的首都。——译者注

② 此处金斯敦(Kingston)指牙买加的首都。后文出现的金斯敦，若未特殊说明，都指牙买加的首都金斯敦。——译者注

之间穿梭来往。从佐治亚州到马里兰州一带，一些内陆种植园的园主会安排奴隶驾驶各种船只，如独木舟、浅水平底船、大平底船或载驳船等，将蔬果和乘客运往港口城镇。例如，1774 年在弗吉尼亚的皮德蒙特，有 5 名船夫就在托马斯·杰斐逊(Thomas Jefferson)家的农场里帮工。在牙买加西南部的几个种植园里，在非常靠近海岸的地方，许多奴隶划着小船或独木舟去到海边，有些人专门负责捕鱼，他们经常在周日独自出海捕鱼，几乎每个人都会抓螃蟹，有的人去刻独木舟，其他人负责编织捕鱼笼，而有些人则要忍受海牛皮带抽身之痛。在伯利兹，奴隶与水手们一样都生活在一个偏远的男性世界里。他们将原木砍成一段一段的方木，借助河流把这些木头运到海边。等在海边的船主再与这些奴隶的主人订立合同，安排他们把方木抬到货仓。装船这一环节需要耗费大量的体力，没有奴隶充当苦力是根本不可能完成的。或许正是因为棉花种植对人力的需求相对不那么迫切，所以加勒比地区的棉花种植园比甘蔗种植园更喜欢雇用渔民。在牙买加，有些种植园被称为棚区，它们主要面向的是本地市场，而不是做出口。这些种植园会雇用大批奴隶来捕鱼。大盐池棚区顾名思义是一个产盐区，那里雇用了 203 名奴隶用来从事大规模的渔业生产，以满足金斯敦和西班牙镇的市场供应。在加勒比各地区，耙盐工人们会选择合适的时节经由水路前往不同的盐场，同时运输他们的产品，这对鱼类和肉类的腌制来说是至关重要的。正如马克·库兰斯基(Mark Kurlansky)所说，盐是加勒比向北美洲输出的主要货物；而北美洲运往加勒比的“最主要货物”则是腌鳕鱼，鳕鱼是奴隶饮食中最重要的蛋白质来源。[22]

海洋奴隶制最盛行的地区就是那些没有或者极少有甘蔗种植园的岛屿。在圣尤斯特歇斯岛（该岛名义上归荷兰所有，但岛上有很多英国居民，英国贸易也很普遍），1790 年，岛上 5000 多名奴隶中约有 60%的人在从事海上活动——要么做仓库管理员、码头工人，要么做船夫或船员等，很多工种几乎全部雇用黑人。1800 年，在面积狭小的开曼群岛上，约有 600 名奴隶几乎全部参与海上劳作，他们主要负责抓捕龟鳖或者提供海上救援。截至 18 世纪末，百慕大群岛船上的水手中约有 2/3 是奴隶，而且大多数黑人成年男性都会去当水手。有很多著名的百慕大单桅快船上全部雇用黑人做船员。岛上的船队成员基本来自当地，面向社群，由家庭成员负责经营。船队老板通常只给他们的奴隶水手支付大约 1/3 的工资。而有些奴隶十分擅长贸易，他们就会去担任非正式的“押运员”，负责货物的采购与销售。18 世纪 60 年代，一位来到岛上的法国访客对这些奴隶赞赏有加，认为他们既忠诚又守时，“作为押运员，他们出色地完成了主人布置的任务，并且把船安全地带了回来”。历史学家威廉·道格拉斯（William Douglass）评价道，百慕大群岛的奴隶水手“在航海技能方面和白人不相上下”。而巴哈马群岛的船队在能力上就要比百慕大的略逊一筹，因此在那个加勒比殖民地，被投放到海上劳作的奴隶数量就要更少一些，尽管依然也有极小一部分奴隶在从事海上作业。此外，与百慕大群岛相比，巴哈马群岛的奴隶成分更加混杂，克里奥尔化的程度也相对较低，也不像百慕大的奴隶那样会在某个地方扎根。或许正因如此，很多巴哈马群岛的奴隶是走海路逃跑的。他们逃跑用的船只形形色色，从双人独木舟、四桨手摇船到小一点的双桅纵帆船，甚至再到可容纳 40 多人的运盐船等不一而足。在一次人数最多的海上逃亡中，一只不大的单桅帆船上就挤了 14 名奴隶。很多巴哈马群岛的奴隶选择用实际行动来表示对他们检查总长的反抗——检查总长认为，只要他们从工作中分得了一些好处，并且享受了“与白人海员完全一样的待遇”，他们就很少逃跑了。这一判断对于百慕大群岛的海员倒更适用，他们的逃亡率不足 1%，远远低于皇家海军和英国商船的平均逃亡率。[23]

加勒比地区一直人手短缺，这意味着奴隶主们即便不愿在武装船只上雇用奴隶，也别无选择。1745 年，“多德尔”号（*Dowdall*）私掠船的船主就被迫找了 14 名奴隶在船上帮工，因为他手下不少水手都被征募加入了海军。3 年后，巴哈马总督对盛行的私掠行为表现出了极大的不满，他怒斥奴隶们竟然敢秘密出逃，而且时间长达 6 个星期之久，回来时还带回一大堆赃物。本杰明·西姆斯（Benjamin Sims）是巴拿马群岛的一位私掠船船长，他自己就是一名获得了自由的黑人，在离开了一座拥有 9 名奴隶的庄园后，他也让这些奴隶全部获得了自由。1757 年，一艘法国私掠船被英国海军截获，船上 80 名船员中近半数是“长毛种族”——海军上将弗兰克兰(Frankland)这样称呼他们。他想把敌方私掠船上的这些黑人全部卖掉，希望以此来打压这种行为，但却遭到了民政当局的反对，因为他们害怕英国私掠船上的黑人也会落得同样的下场。N. A. M. 罗杰(N. A. M. Rodger)曾注意到，七年战争期间，海军准将道格拉斯在背风群岛也雇用了一些奴隶船员在自己的单桅纵帆船上帮工，其中有一些是自由的黑人，还有一些有色人种是沦为奴隶的战俘。1760 年，法国截获了一艘来自罗得岛的私掠船，将它送往圣多明各[①]，船上至少有 3 位美洲原住民和 9 名“非常宝贵的奴隶”。大卫·J. 斯塔基(David J. Starkey)说的没错，虽然私掠船上的水手普遍来自英国和爱尔兰，但在加勒比地区，这些私掠船有时会广泛撒网，而黑人显然就是最容易获得的劳动力[24]。

加勒比地区的皇家海军向来是奴隶制度的主要支持者，一方面海军依靠这一制度进行军队的日常维护，另一方面海军也可以为这些黑人提供一些难得的机会和保护措施。1773 年，牙买加议会曾指出，“在这里驻扎的战舰……对国内的骚乱可以起到震慑作用，这比出动现有规模甚至更大规模的正规军都更加行之有效”。在英吉利港(安提瓜岛)和罗亚尔港(牙买加)的海军造船厂，海军就依靠这些被称作“王的黑

① 法国在加勒比地区的殖民地，即现在的海地。——译者注

人们”的奴隶技工来修理船只，他们可以娴熟地将海军舰船侧倾过来进行修补。1745 年，罗亚尔港的海军就雇用了 60 名“黑人填缝工”；1800 年，安提瓜海军船厂有超过一半的花销都用于支付那些“黑人技工和劳工”的工资。目前已知现存的布雷(Bray)的唯一一幅油画作品(大约创作于 18 世纪 70 年代中期)描绘的大概就是英吉利港的场景，画面上有 27 个黑人正在海军的舰船上劳作(见图 4)。驻扎在加勒比地区的两支海军中队经常在舰船上雇用这些黑人，有时一些来自北美洲的船只也会找他们去帮忙。每当有战争爆发或是有其他突发状况时，当地的黑人通常就要被征召去港口炮台或者海军堡垒进行支援。1796 年，英国海军部向巴巴多斯和背风群岛舰队的海军中将下令称，考虑到黑人在各岛屿海军造船厂里曾经做出的贡献，所有受雇于造船厂的黑人都将免于处罚，“另有约定或者需要造船厂军官审查批准的情况除外”。除非这些黑人犯有滔天罪行，否则不得对其施以鞭罚。此外，针对有人投诉“有许多原本属于种植园主的奴隶被藏匿于背风群岛海军舰船上”的这一情况，指示中还规定，船长和司令官在未获得有关黑人自由身份的正式文件之前，“不得接收、雇用、娱乐、藏匿或供养”任何黑人。这一问题其实由来已久，在加勒比地区，海军一直迫切需求劳动力，于是便会招募一些黑人去战舰上做船员。但在 1777 年战争期间，海军将领扬(Young)下达了限制令，规定每艘战舰上黑人水手的数量不得超过 4 人。据一项抽样调查显示，1784—1812 年在背风群岛工作的4500名皇家海军当中，只有15人称自己出生在非洲，而另外大约300名自称出生在殖民地或美国的那些人很有可能都是非美洲人的后裔，但黑人船员的比例看起来最多不超过2%。[25]

黑人在加勒比海域海军所经历的极端境况可以从下面这两个人的故事中窥见一斑。第一个人名叫约翰·珀金斯(John Perkins)，他有着从奴隶一跃成为舰长的非凡经历。珀金斯大概于1745年出生于牙买加，父亲是白人，母亲是黑人，据说他"在青少年时期……就开始出海了"。1775年，他以引航员的身份第一次加入海军。1778—1779年，他被任命为"庞奇"号(*Punch*)纵帆船的指挥官(他的昵称杰克·庞奇便由此而来)，成功俘获了300多艘敌船和3000余名俘虏。随后，牙买加的立法机关批准了他的索赔要求。1781年，他被任命为海军上尉。后来，尽管罗德尼多次试图提拔他，但他再未能获得职位上的晋升，这可能说明某些人对他存有偏见。1790年，珀金斯又回到海军效力，并被派往古巴和圣多明各执行间谍任务。1797年，他终于荣升为舰长。19世纪初，当他早已习惯了圣多明各的海岸生活时，有人却对他提出了指控，称他对岛上的黑人过于友好，不过也有一些人站出来为他辩护。1804年，由于疾病缠身，他不得不辞去舰长一职，回到金斯敦，于1812年去世。N. A. M. 罗杰曾说："再也没有谁的经历比他更能说明皇家海军唯才是举的用人之道了。"但与此同时，珀金斯也不止一次遭遇偏见。或许是出于自愿，抑或是被迫，他是海军军官当中唯一一个从未去过英国的长寿之人。他或许还不识字。[26]

相比之下，我们再来看一下汉弗莱·克林克（Humphrey Clinker)的经历。1812 年，一位名叫理查德·科尔(Richard Cole)的英国士兵在安提瓜岛的英吉利港接受了审判，理由是他伤害了同船水手的身体。当时，担任警卫的科尔正在“阿玛兰特”号(*Amaranthe*)单桅纵帆船上执行安保任务。在巡查过程中，他突然在一位黑人水手面前停了下来，这名水手名叫汉弗莱·克林克，当时正坐在船头安静地缝补裤子。科尔便开始侮辱克林克，管他叫“混蛋黑鬼”“掌舵的黑鬼”。不过克林克并不是舵手，这个称呼在他看来或许充满了讽刺和侮辱的意味，于是克林克叫科尔别打扰他。科尔只走开了一会儿，又回来向克林克找碴儿。克林克再次警告科尔让他去做自己的事。据一位目击者称：“那位警卫就往船尾走了，可突然又调过头来说：你这个混蛋黑鬼怎么敢跟白人讲话！说着就用枪杆去戳(克林克的)眼睛。”克林克的一只眼睛被戳瞎了，不过科尔也为此付出了代价——他被判有罪。显然，使用语言实施种族歧视已不再是新鲜事了，无端挑衅的白人无处不在。[27]

Ⅳ

有些奴隶是因为被迫从事海上服务才来到英格兰的，他们或许有的是要为海军军官做私人奴隶，有的是贩奴船船长利用特权把他们带到船上的。下面这位来自塞内冈比亚的“名叫曼迪戈(Mandigo)的年轻人”很可能就属于这种情况。他称自己不久前刚刚来到牙买加，“搭乘的是一艘几内亚通商船，船长管他叫‘**水手长**’①。船上除了他和另外一名黑人外，其他黑人都被当作货物卖掉了。他们原本打算去英格兰的，但同船水手说，如果他们再出海很可能就会被吃掉，于是他们就逃跑了”。这则故事之所以得到人们的关注，是因为它强调了同船水手的影响力有多么重要，而且它让我们知道了在黑人中间一直流传着白人会吃人的谣言。其实这个故事原本来自一则广告，讲的是这个人被俘的事，广告的目的是想让人把他交还给船长。最后的结果很可能是他按照原计划抵达了英格兰。[28]

因此，在英国的各个港口城镇，到处都可以见到黑人水手的身影。伦敦的詹姆斯·内普丘恩(James Neptune)给自己取这个名字就是为了表明他的那段海上经历。斯图尔德(Steward)这个姓来自海上的一个职业，在首都的黑人中间比较流行。1761年，一位名叫约翰·夸科(John Quaco)或者叫夸夸(Quaqua)的黑人水手从布里斯托尔商人合作协会那里申请到了一笔生活津贴。据他自己讲，他“在21年前就获得了自由，这期间从未丢过工作，不过每个月都会坚持向这个慈

① 原文为斜体。——译者注

善机构支付先令”。据他的劳工记录本上显示，他有很多次出海的经历，以奴隶身份出海就至少有 3 次。18 世纪 50 年代以后，在布里斯托尔还有几位有名字可考的黑人水手，比如威廉·理查森（William Richardson）、“黑杰克”（Black Jack）和“山姆·乔”（Sam Joe），等等。有些船只同非洲的贸易往来并不是为了贩卖奴隶，而是为了从事诸如树胶、象牙、黄金、紫木之类的商品贸易，这些船上雇用的黑人水手比贩奴船上的还要多。之所以这样或许是因为这么做看上去风险比较低，或者是因为人们认为非洲水手在这样的交易中比较好用。说到这里，我们不禁想起了“萨利”号（*Sally*）小艇的情况。1792 年，“萨利”号在船长理查德·比尔·普林格尔（Richard Beale Pringle）的率领下离开了利物浦，驶往上几内亚海岸进行贸易，船上有 8 名船员，其中 7 名是黑人。此外还有其他一些船只也从利物浦港出发，这些船上的船员构成说明，那座城市里黑人水手的数量相当多。有个黑人甚至还为自己画了幅肖像画：画中的托马斯·威廉姆斯（Thomas Williams）让人心生同情，他戴着耳环、围着围巾，举起的双手无疑是在表达某种渴求，这种姿势在反对奴隶制题材的画作中十分常见。[29]

尽管布里斯托尔和利物浦集中了大量的黑人人口，但伦敦才是英国真正的黑人聚居区。截至 18 世纪晚期，可能有 5000 名至 7000 名黑人生活在这个大都市里（诚然，这也仅占城市总人口的极小一部分）。据 1793 年弗里敦的一则报道称，有位来自弗吉尼亚名叫大卫·乔治(David George)的黑人浸礼会教徒先后去了佐治亚、新斯科舍，最后去了塞拉利昂，但他始终认为英格兰及其首府才是他们的“家”，并且称“我们的人民几乎不管到哪儿都这么认为”。黑人将这里视为圣城，特别是1772年著名的萨默塞特判决案发生之后，伦敦更是吸引了大批的黑人水手。美国的独立战争结束后，随着大量效忠者的涌入，黑人数量也急剧增加。18世纪晚期，伦敦有1/4至1/3的黑人都有过航海经历，这一比例远远超过了白人。如果算上在海边劳作的黑人数量，也许从事海洋相关职业的黑人人数要更多，比例接近40%。如此高比例的人员聚集一方面可以看出海上生活的确具有一定的吸引力，但另一方面也可以反映出这种生活是被边缘化的、既艰辛收入又微薄，雇佣关系也充满了随意性。[30]

伦敦的街道也会被一些知名的黑人水手当成家，最著名的要数比利·沃特斯(Billy Waters)或者叫黑人比利了(Black Billy)(约1778—1823)。他曾在海军服役，由于不慎从上桅帆的帆桁上跌落，一条小腿被截了肢。后来他当了一名街头艺人，在河岸街的阿德尔菲剧院门口卖艺。在斯塔福德郡的一些陶器上还能见到他的形象，从很多图画里都能明显看出他的身体有残疾。画中的他通常拿着一把小提琴，头上戴着一顶插着羽毛的海军帽。在伦敦，还有一位知名人物名叫约瑟夫·约翰逊(Joseph Johnson)(1791—1872)。他由于有过从商经历而无法拿到海员津贴，于是只能在塔丘上靠演唱一些海上题材的歌曲来谋生，后来他又转战到了街头去卖艺。他最受人关注的地方要数帽子上的战舰模型了，这是他亲手制作的“纳尔逊”号（*Nelson*）模型。他每次向路人弯腰致谢时，头顶的战舰模型就仿佛开动了一般。[31]

伦敦也是黑人们去往世界各地的起点。1768年，约瑟夫·班克斯带着他的两名黑人随从托马斯·里士满（Thomas Richmond）和乔治·道尔顿（George Dorlton），随库克船长一道搭乘皇家海军“奋进”号（*Endeavour*）开始了太平洋的首次远征之旅。奥拉达·艾奎亚诺（Olaudah Equiano）是18世纪最著名的黑人水手。他曾去过北美洲的加拿大、西印度群岛、地中海，甚至还去过北极。比利·布卢（Billy Blue）是18世纪90年代德特福德的一名码头工人，专门负责将糖从大型商船上卸下来，后来他同其他黑人水手和码头工人一道去了澳大利亚，成为悉尼港口最早的渡船夫和警卫员。比利·布卢是个传奇人物，大家都叫他“老队长”，他以坚韧不拔的性格赢得了社会各层人士的尊敬。[32]

英国的海军军官还经常把奴隶当作仆人来使唤，在海军驻地，经常会见到一两个黑人的身影。在乔舒亚·雷诺兹（Joshua Reynolds）的早期（约1748年）画作中，有一幅他为上尉保罗·亨利·乌里（Paul Henry Ourry）创作的画。画上一位穿着奇特的非洲少年一脸崇拜地望着他。还有一幅未署名的钢笔画，大约创作于1745年。画中描绘的是上尉罗伯特·劳里（Robert Lawrie）的仆人汤姆（Tom）在挨了水手长同伴的打之后，用方言复述事件经过的场景(见图 5)。霍格思(Hogarth)的画作《1715—1747 年小屋中的船长乔治·格雷厄姆勋爵》(*Captain Lord George Graham, 1715-1747*)描绘的也是船长和他的仆人。从他们的姿态、口里衔着的烟斗以及相似的外表中可以看出他们求同存异的特点。在《倒下的纳尔逊》(*the fall of Nelson*)这幅画作中同样出现了黑人水手的身影。约翰·瑟斯顿(John Thurston)有一幅讽刺画，大约创作于 1800 年，画的是一位身穿格林尼治医院制服在门口等候领取养老金的黑人(这样的黑人形象似乎不太常见)，旁边一位同样来领津贴的白人看上去好像正在跟他说一些俏皮话，可这位黑人同事看上去似乎并没有被逗乐(见图 6)。[33]

对于黑人来说，海军的工作环境在很多方面都比其他地方要好。海军的规章制度显然要胜过奴隶主的专横暴虐；海军的伙食也要比种植园好一些；而且在海军服役还有向上流动的机会。1758 年，塞缪尔·约翰逊(Samuel Johnson)手下的一名 13 岁的仆人弗朗西斯·巴伯(Francis Barber)加入了海军，在那里服役了 2 年。他后来告诉博斯韦尔(Boswell)，自己“在并非出于个人意愿的情况下”被解雇了。1780 年，一名来自费城的黑人——14 岁的詹姆斯·福滕(James Forten)——被皇家海军“安菲翁”号(*Amphion*)俘获，成了一名战俘。船长出于对这个男孩的好感，就让他陪在自己 12 岁的儿子身边。从 1755 年起，差不多 9 岁的奥拉达·艾奎亚诺就开始随着形形色色的皇家海军舰船出海了，1762 年他已长到 16 岁，总体来看他这些年过得还不错。当然，军官仆人这一身份也为他赢得了一些特权(他后来也的确成了一名非正式的管家)。但文森特·卡雷塔(Vincent Carretta)认为，这个人觉得自己的奴隶身份只不过是名义上的罢了，有这种想法也情有可原。他时常会离开主人的视线，一走就是几个月，他和白人之间建立起了牢固的友谊，他会向白人学习识字，学习吹圆号。到 1762 年，他已经是一个熟练兵了。卡雷塔认为，“航海生活使他突破了所谓的种族界限”。然而，正当艾奎亚诺以为自己拥有了真正的自由时，他的主人——海军上校迈克尔·亨利·帕斯卡尔(Michael Henry Pascal)却把他卖到了西印度群岛。

威廉·卡斯蒂略(William Castillo)是一个在巴巴多斯出生的黑人。四年前，已达到熟练兵海员等级的他也面临着同样的困境，不过他向首相请了愿，并且成功获得了批准，使得海军大臣宣布“根据本国法律规定，不允许有任何形式的奴隶制存在”，他获得了自由。相比之下，“圣公会”号(*Anglicania*)商船上的黑人厨师约翰·安尼斯(John Annis)可就没那么幸运了。1774 年，他被主人绑架并强行带回到了圣基茨。作为厨师，他在船上做事的时候总要和其他船员保持一定的距离，或许这个偏女性化的职业也是让他处于弱势地位的一个原因。两年后，一艘商船因被怀疑在北美洲从事走私活动而被英国海军截获，停靠在了朴次茅斯，当时这艘船正欲前往哥本哈根。船上有4名沦为奴隶的黑人，一名来自北美洲、一名来自非洲，另外两名来自西印度群岛。这4人最终得到了几位当地军官的帮助，军官们称他们只要到了英格兰就可以“获得解放”，于是他们获得了自由。[34]

在海军服役，机遇与约束并存，这一点从下面这个黑人的经历中就可以看出来。此人名叫巴洛·菲尔丁（Barlow Fielding），曾在肯特海岸的皇家海军“俄耳甫斯”号（*Orpheus*）上担任水手长。1780年8月，船长约翰·克波伊斯（John Colpoys）决定将这位工作了7个月的水手长调离岗位。据克波伊斯描述，菲尔丁身为“一个黑人”完全满足“担任水兵的条件”，“他希望（自己作为水手长）的优秀素质能够得到大家的认可，但我发现这很难，因为人们对他的肤色始终抱有偏见”。于是菲尔丁就希望能离开现在的岗位，船长同意了他的请求，并解释说：“别人对你的偏见已经在船员中间蔓延开来，而让我去消除这些偏见非常困难，甚至是不可能的。”菲尔丁很有可能和所有水手长一样会读会写。根据花名册上的记录显示，他曾带了两名仆人一道加入“俄耳甫斯”号，而规定是只能带一名。在这之前的两年，他曾在“蒙特利尔”号（*Montreal*）上为水手长做助手，当时他说自己23岁，出生在诺福克。实际上，他并没有从“俄耳甫斯”号上调离，就在主人为他代笔后大约2个月，他去了朴次茅斯的哈斯勒医院工作。菲尔丁的经历可谓苦乐参半：他虽然在地位上得到了提升，可肤色却成了他发展道路上的障碍。[35]

V

1763—1815 年，黑人都是成群结队地参与英国的海事活动的。在非洲本土，海上活动在沿海地区比较活跃，而在内陆地区却没有；在有些地区，人们更多地依赖沿海交通，而在其他一些地区，人们则利用潟湖或江河进行运输；欧洲人根据非洲的情况因地制宜，选择在堡垒或轮船上开展贸易。大西洋的奴隶贸易在非洲不同的地区差别很大；与欧洲相比，从美洲离港的船只，船员的种族成分更加复杂；中央航路的旅程非常艰难，有些奴隶在横渡大西洋后还要在美洲内部再经历一段航程。在美洲，黑人的经历也存在较大的地域差别：在奴隶人口占绝大多数的地方，船员全部都是黑人；而在那些各种族人口都比较均衡的地方，船员的构成也更加多元。即便在英国内部，存在的差异也比较大，伦敦的黑人水手比例非常高，而外省的各地方城镇则黑人人口相对较少。

相较于区域差异而言，黑人在职能方面的差异也很重要。尽管海员会在不同的工作之间流动，但他们的海上经历是会随着从事工种的不同而有所差别的，例如捕鱼、劫掠商船、商品贸易或者加入海军服役，等等。另外一个主要差异在于：是在深海区域作业还是在沿海地区作业。在人数不多的短途航行中，船员间的关系要更加亲密些，有时甚至相处得像家人一样；相反，如果是大船出海且路途遥远，人情则比较淡薄，甚至冲突不断。这种反差也与港口规模有关。还有一种职能上的差异表现在海上劳工的地位上，社会地位比较低的如码头工、搬运工、洗衣女工、低级厨师和船舱服务员；而技术娴熟的渔夫、水手长、船长和引航员则社会地位比较高。

海上生活的潜在利益与隐患可以从下面两则关于黑人引航员的故事中推断出来，他们这一群体既拥有一定的特权，也极易受到伤害。第一则故事的主人公名叫杰里（Jerry），生活在南卡罗来纳的查尔斯顿。至少在18世纪50年代中期，他还是个引航员，在查尔斯顿港负责引导战舰和商船绕过障碍。尽管官方通常都指派白人做引航员，但实际上干这种活儿的都是黑人。从某种意义上讲，杰里赢得了自由，到了18世纪60年代后期，他的事业可谓蒸蒸日上。他改行去做了渔业生意，负责制造一种带有保鲜舱的捕鱼船，这种船非常坚固，在离岸数天后，里面的鱼还能够保持鲜活。由于船上需要人手，他就买了几个奴隶。1771年，他与一位白人船长发生了争执。“这位托马斯·杰里”（报纸现在都这样称呼他）因此被判侵犯他人人身安全罪，需受罚佩戴木制刑具1小时，再挨10下鞭子；但他据理力争，最终获得了赦免。转年，他又去做了救援生意，从港口的海底成功地打捞上了一只大锚。他在功绩宣传页上的签名并没有使用别人对他的昵称“杰里”，而是用了让他倍感骄傲的名字——托马斯·杰里迈亚（Thomas Jeremiah）。

到了1775年，杰里迈亚已经非常富有了，他积累的财富已“多达1000英镑”，手下还雇用了7名奴隶负责捕鱼。在当时，他所拥有的财富已经相当于美洲殖民地白人平均财富值的4倍之多。他显然既有远大的抱负，又有无限的创业精力。然而，在这种显赫的背后必然也存在风险。有些人比如一位地方长官称他是“一位在省内拥有大量财富的自由黑人，他用自己的方式成了那种最有价值和最有用的人”。的确，他继续说道，杰里迈亚“正处在上升期”，“他是这个港口最优秀的引航员之一”，而且“大家一致认为他既聪明又睿智”。不过，据那些对他抱有偏见的人说：“这家伙太急功近利，取得一点成绩就沾沾自喜，生活骄奢淫逸，虚荣心和野心都膨胀到了极点，他不过就是个愚蠢的花花公子罢了。”每当白人船长打破种族戒律，临时把掌舵权交给黑人的时候，这些黑人就会洋洋自得，仿佛自己受到了重用一般。

然而1775年夏天，正当事业如日中天的时候，杰里迈亚却被捕了，他被指控密谋了一场暴动。他是否真正策划了奴隶造反我们不得而知，但到最后他都一直坚称自己是清白的；很多位高权重的白人包括地方长官在内都相信他说的话；但黑人的证词却都在谴责他，而且杰里迈亚自己也明显做了伪证。最终他还是被判有罪，并被吊起来当众执行了火刑。皇室总督称，这次审判虽然合法但却有失公正，就算是徒劳地赦免了他。当时的安全委员会主席亨利·劳伦斯（Henry Laurens）虽然手握权力，但却拒绝干预此事。受刑前，杰里迈亚对行刑者说，你们会因为“让清白之人流血”而尝到苦头的。从真正意义上讲，杰里迈亚之所以会败落，原因在于在查尔斯顿这样的社会背景下，他发展得太快又太不稳定了。杰里迈亚的成就要么诱使他想入非非，设想黑人在即将到来的战争中会扮演的角色——他可能在战争中担任“总指挥”；要么就是被爱国者军队拿来当作现成的替罪羊——他们既希望能恐吓港口的其他黑人引航员，又想做好战斗准备。无论如何，他的成功还是让自己沦为了一名受害者。[36]

1817 年 1 月的早些时候，7 名黑奴船员搭乘领航船“深九”号（*Deep Nine*）纵帆船在主人詹姆斯 · M. 科万（James M. Kewan）的指挥下驶离牙买加的罗亚尔港，开始了一段常规航行。船上有十五六名奴隶引航员，他们按计划从牙买加东部海岸出发，为那些从岛屿南部驶向港口的船只输送引航员。等引航员各自登上不同的船只后，“深九”号便驶往岛屿最东端的岩石点了。到了那里，黑人船员们开始装载木材和饮用水补给，M. 科万则去了岸上。很显然，当时有一位神秘的有色人种瓜德罗普人混入到了船员当中，至于是事出偶然还是有意为之就不得而知了。据说就是这个人怂恿那些船员逃跑的，或许这只是 M. 科万为了证明船员背叛而在事后所做的猜测，因为他就是这么认为的。不管怎样，当 M. 科万示意船员来接他返回船上时，他们都置之不理，而是直接驶往海地了。

M. 科万马上找来另外一艘船去追他们。他在海地南部并未发现任何线索，但在搜查了岛屿北部后，他从小河村当地的指挥官那里得知，前不久有 7 名黑人和 1 名有色人种刚刚上岸。于是，M. 科万便恳请海地总统把奴隶交还给他，称“那些驾驶拖网渔船或者香蕉船的黑人都是牙买加人，他们会利用你们这里无数的河湾或小溪作为藏身之所”，如若不交还，“他们可能就会成为一窝大胆的强盗”。他还说，这 7 人当中还有 4 个是“孩子”，他们是被迫出逃的。结果总统交还了那些船只，却没有交还水手。后来，少将约翰·厄斯金·道格拉斯(John Erskine Douglas)接手了这一案件，总统佩蒂翁(Pétion)睿智地回应称，如果这些奴隶“能够踏上英格兰这片没有奴隶制的土地”(其实并不完全是这样)，那么这个要求就没有任何意义了。

几个月后，M. 科万发现了他的一个奴隶——杰姆(Jem)，他是从海地的一艘战舰上逃出来的，他在战舰上受到了各种压迫，并没有得到他所期待的那种自由。杰姆说，他以前经常想着要去海地，因为听那些“先后在不同船上做过引航员的船员们说，他们在那儿能当上军官，每个人还会分到一片咖啡种植园或者甘蔗地，有黑人替他们工作，他们也不用害怕被遣送回来”。然而，杰姆这种不切实际的幻想却破灭了，他现在显然还是更怀念在牙买加做奴隶的日子。这个案件的最终结果是，M. 科万因为丢失了 6 名奴隶而递交了索赔申请：达布林(Dublin)大概 30 岁，詹姆斯、金斯敦、夸希(Quashie)、阿奇(Archey)25 岁左右，还有罗伯特，差不多 15 岁。关于这些孩子的故事就讲完了！他称这些奴隶都是“优秀的黑人引航员，人人都能完成雇主交给的任务。他们不仅能为价值连城的货船引航，还能为护卫舰、战列舰等皇家战舰服务”。至于这些人在海地的遭遇如何，我们便不得而知了。[37]

从某些方面来看，大西洋沿岸各港口以及联结各港口的船只构成了一个区域边界。如果说种植园奴隶制是驱动大西洋系统运转的引擎，那么海洋奴隶制就是这一引擎的调节机制，负责提供润滑和安全保障。在种植园天地的外围区域，海洋边界与外界是相互连通、相互渗透的，这就为奴隶流动提供了极大的可能，并且给予了他们一定的自主性，有时甚至还能让他们获得实际的自由。海洋黑奴的数量很有可能比陆地黑奴还要多；在船上要比在教堂里更容易培养出黑人领袖［或许其中最著名的就是阿庞果（Apongo）了，他在英属美洲协助发动了影响范围最广的奴隶暴动，即 1760 年发生在牙买加的泰基暴动，而他就曾经是皇家海军“韦杰”号（HMS *Wager*）上的一名奴隶］；船员的人种构成越复杂，往往越容易培养出朴素的友谊；而且正如博尔斯特所言，“黑人航海者向来热衷于传播各路消息，这对于美洲黑人以及多维度种族身份的确立起到了重要作用”。[38]

然而，如同在所有的边界地区一样，黑人们除了要随时面对来自大海的死亡威胁和高强度的海上劳作之外，还要面临更重大的风险和危险考验。一名黑人水手即便获得了自由，也依然可能被抓去贩卖而重新做回奴隶。对黑人水手来说，最不幸的就是连同所在的船只一道被俘，而他们就将沦为战利品。

1763 年，一位 28 岁的具有熟练兵等级的海员（即有经验的水手）约翰·英戈布（John Incobs）在英格兰的希尔内斯登上了皇家海军“加兰”号（HMS *Garlands*）。他提前拿到了两个月的薪水，在后面为期五个月的航行中，他先后去了根西岛、路易斯堡、哈利法克斯、圣约翰斯和魁北克，最后抵达了纽约。登陆时，他发现自己被解雇了，理由竟然因为他“是名奴隶”（据推测，可能是因为他原来的主人成功将他召回了）。在船上狭窄的空间里生活更容易加剧种族歧视，白人船长在惩罚船员时，更容易惩罚黑人而不是白人。一名黑人水手就曾讲述过自己的惨痛经历，他的眼睛被打瞎了，有两次被鞭子打得皮开肉绽，有一次甚至被打得血染甲板，伤口还被浸酸，被喂“猪食”。在这个种族歧视无所不在的社会，黑人水手永远都逃脱不了被轻视和被伤害的命运，平等对黑人来说是那样的遥遥无期。[39]

第八篇　性别与帝国

凯瑟琳·霍尔

在大英帝国范围内生活的男男女女，无论是殖民者还是被殖民者，英国人还是“本土人”，每个人的人生际遇都与生理性别(sex)[①]有关。在这个世界里，人们通常认为男性与女性是有区别的，而且男性比女性更强大，社会是被性别化(gendered)了的。本书首先假设帝国一直是被性别化了的。那么，这样讲意味着什么呢?

性别(gender)一词通常用来解释男女之间的差别以及这些差别在现实生活(如信念、制度及日常生活)中是如何体现的。性别如同阶级、种族、人种、性行为和年龄一样，都属于权力的轴心，围绕这些轴心构建了社会和对社会的理解。性别差异指的是男女由于存在解剖学意义上的差别而造成的社会层面的不同解读，性别差异是社会赖以形成的基础之一，并通过诸如劳动分工、性行为及生殖繁衍等机制对社会进行调节。为了探究帝国的运作方式，我们不得不考虑性别因素。尽管已有大量的历史文献证明了性别因素对于帝国运作的重要作用，但对该

① 原文在表述“性别”这一概念时，分别使用了 sex 和 gender 两个词。译文在必要时保留了对应的英文词汇，便于读者区分理解。——译者注

话题进行系统而深入的研究才仅仅是近20年的事情，这还要归功于历史学家们从女权主义视角提出的深刻见解。目前在该领域已产生了不少学术成果，如专著、论文集和教科书等，学者们开始评定性别因素在帝国中所体现的重要意义——从帝国的建立到帝国的维续，再到让帝国面临挑战。[1]在帝国的习俗惯例中，到处都能见到人们关于男性气质和女性气质的看法——从殖民政府和军队的组织到城镇规划和房屋建设，从百姓的穿衣打扮和学校的建设到男女从事的有偿或无偿的劳动，再到生殖繁衍和性行为的规范准则，等等。[2]从某种意义上讲，无论是殖民者还是被殖民者，他们的帝国主体性都是通过流通于帝国内部的性别话语构建起来的。[3]

我们有必要事先指出在历史研究中明确时间范围的重要性。大英帝国在历史上经历了非常大的变化，特别是在1763—1833年(这也是本书收录的这些文章所集中关注的年代)变化尤为显著。尽管18世纪很长一段时间以来，英国作为一个海上帝国，在船只、工厂、堡垒及海上殖民地等方面都处于领先地位，但到了19世纪早期，帝国的领土扩张无论从秉性特征还是区域范围来看都发生了巨大的变化。从七年战争开始，随着新增人口不断涌入帝国内部，在英国公民与殖民地子民之间出现了不少新问题。[4]人们原本以为这个海上帝国是建立在自由观念的基础上的，然而这一判断却在美国独立战争期间遭到了严重质疑。虽然痛失美洲殖民地引发了英国民众的信任危机，但在拿破仑战争中获得的节节胜利又增强了英国人自诩为统治世界而生的信念，特别是对有色人种，不管是对印度、西印度群岛、好望角还是澳大利亚或新西兰人民的统治。19 世纪 30 年代，一种新的观念——“变革中的帝国”正在形成。[5] 1829 年天主教解禁法得以颁布，1833 年印度特许状法案获得通过，同年又爆发了废除奴隶制运动，这一系列事件都标志着帝国在统治方式上的转变。因此，探讨帝国问题时必须明确帝国正处在哪个特定的历史时期。

此外，讨论帝国问题时还需要对特定的地理位置进行限定。在大英帝国不同的地域范围内存在着各种各样的殖民政权，这是帝国历史学家们早已达成的共识，而且性别关系在不同地区也会呈现出不同的表现形式，因为帝国的统治不得不与当地的习俗和传统进行不同程度的抗争或者融合。同时，性别关系也具有鲜明的时代特征，在大英帝国存续的历史时期内，有关男女特质的主流观念也经历了相当大的变化。19 世纪早期（即本文所关注的特定时间段），中产阶级对男女各自领域内差异的认识变得越来越有影响力，他们认为：男主外、女主内，男人是树、女人是藤。[6] 尽管这些想法总是与其他观念并存，并且不断受到来自日常生活的挑战，但它们在 19 世纪英国与帝国的法律和行为规范中所占据的突出地位是毋庸置疑的。殖民地当局和其他一些殖民地专门机构（尤其是布道所）都希望帝国内的家庭形态和性别关系能够以“文明的方式”呈现出来。

帝国的事务就是性别化的事务。建立帝国意味着征服，陆军和海军都是高度性别化的机构，是一个几乎完全由男性构成的世界，并且通过对男性进行等级划分来运作。帝国的维续意味着要保持人口增长，而这是只有女性才能完成的使命(当然也需要男人的投入!)。在帝国殖民的早期，从哈得孙湾的皮毛贸易商到东印度公司军队的军官，这些男人都与当地的妇女发生过这样或那样的关系。[7]到了19世纪，人们开始对这种混杂的关系感到不齿，于是便试图在帝国大部分地区阻止这种行为。在接下来的很长一段时间里，规定白人男性只可以和白人女性结合，因为只有精力充沛的盎格鲁-撒克逊人种才担得起统治帝国的大任。此外，向帝国发出挑战也需要男人和女人的共同努力，但二者采取的手段却截然不同。例如，在奴隶社群，西印度群岛的男人更倾向于使用武装叛乱，而妇女则更愿意以被动的方式进行抵抗，比如她们为了不让自己的子女生而为奴就会拒绝生育。[8]同时在英国本土，一些反对奴隶制的妇女为了扩大她们的影响范围，还提出了关爱女性关乎道德，应当将其纳入立法范畴。[9]

制造殖民者与被殖民者之间的差异也是建立帝国的一个关键要素。库珀(Cooper)与施托勒(Stoler)将其称作是一个构建“差别语法”的过程。[10]差异的界定对帝国建设至关重要，建立大英帝国之所以合乎情理，是因为英国人最擅长征服和解决争端，他们会将自己先进文明的优势带给其他民族。帝国是一股教化的力量，这一观点不久前又被尼尔·弗格森(Niall Ferguson)重新提及。[11]那些本地男人——无论是非洲人、印度人还是美洲原住民，都将被从他们自身的野蛮行为中拯救出来，而他们的女人也将被从她们男人的野蛮中拯救出来。文明本身就是一个被性别化了的范畴，它规定了男女之间的关系怎样才算恰当；规定了男人应当勤奋工作，女人应当乐于持家。到了19世纪早期，对差异进行界定和解释意味着对被殖民者进行等级划分，对他们的习惯进行记录和评判，并根据他们所表现出来的特质采取相应的统治方式。于是人们制定了比较的标准，从气候、文化和生理角度来划分的“人种”是体现差异的重要标志之一：盎格鲁-撒克逊人是世界上文明程度最高的民族，其他民族都应当服务于他们，有些民族最终还要学着像他们那样生活。这些人种差异，比如盎格鲁-撒克逊人与凯尔特人、非洲人与美洲原住民、新西兰毛利人与澳大利亚原住民之间的差异并非一成不变，因为这些差异既非天生的，也非显而易见的，难怪不断会有人对这些差异提出异议。但在帝国上下，统治者一直试图将殖民者与被殖民者之间的对立状态固定下来，希望通过制造一种“天然”的不平等，使殖民统治显得合法化。与此同时，在殖民者的内部也存在差异，比如男女之别、贫富之分、英格兰人与爱尔兰人之间的差别等也都非常明显。这些差别语法影响着英国本土乃至整个帝国的政府与公民的行为。从理论上讲，英国的所有子民都是平等的，然而在现实生活中，却几乎没有人能够获得政治权利。[12]围绕这套语法规则人们总是争论不断：比如19世纪，殖民地各地民众以英王子民的身份向政府索要所谓英国人的权利，结果有些人如愿以偿了，而有些人却无果而终。[13]换句话说，差别以及如何界定差别始终都是一个政治问题和权力问题。

差别语法围绕不同的权力轴心发挥作用，其中就包括性别轴心。人们对差别的设想——如男女之间的差异以及男性气质与女性气质的恰当体现形式——无论在公共层面还是私人层面都发挥着作用，影响着人们的日常行为、家庭角色和工作表现，甚至还渗透到最为亲密的性生活当中。在英国人看来，正常有序的家庭生活应当由独立的男性和依附于他的女性及子女构成，这也是整个帝国殖民秩序的一部分。尽管并非每个家庭都能严格遵循这一理念，时常会出现杂合式家庭，但这一思想却在很大程度上影响着关乎人们日常生活的习俗制度，从家庭、学校到教堂、礼拜堂、工作场所、医院和监狱等，不一而足。虽然对英国人来说，婚姻以及异性性行为再正常不过，但在殖民地，人们的性行为却近乎病态，从“霍屯督的维纳斯”（Venus Hottentot）到“女人气的孟加拉人”（effete Bengali），再到欧洲人眼中有着旺盛性欲的非洲男性，个中形象，可见一斑。[14]

I

早在 17 世纪中叶，海军就一直被视为“保卫我们英国领土的坚强堡垒，是我们国家唯一的屏障”。[15]比如，正是因为海军的存在，才使得攻占牙买加成为可能——1665 年，海军将英国军队送抵牙买加，从西班牙手中夺取了对该岛的控制权，并将第一批定居者送达这块新的殖民地。海洋史学家们都一致认为，航运的世界和水手们的世界几乎是一个只有单一性别的世界。造船、航海、物资补给以及船只维修都是男人的工作，尽管港口也总会看到有女性为男人提供各种帮助，比如妻子、母亲、妓女和旅店老板等。船只从来就不是一个与陆地隔绝的独立存在。比如在民谣中就有很多广为人知的女性形象，她们女扮男装，甚至还有几个臭名昭著的女海盗，比如笛福(Defoe)在1724年所写的《海盗通史》(*A General History of the Pyrates*)中就提到了两位战功赫赫的女海盗——安妮·邦尼(Anne Bonny)和玛丽·里德(Mary Read)。她们会咒骂别人，会讲脏话，会手持刀剑和手枪在公海上航行，要求获得和男人一样的自由。彼得·莱恩博(Peter Linebaugh)和马库斯·莱迪克(Marcus Rediker)写道，她们的行为远远超出了家庭与国家赋予她们的传统意义上的权力。她们冲破了教会权威的束缚，以挑战男性权力为荣，哪怕只是短暂的一瞬。[16]然而这只是极个别现象，所有证据都表明，仅有极少数女性参与了航海活动。在大多数情况下，海洋世界依然是一个男性主宰的世界。在这个世界里，人人都遵循着一套极为严格的等级制度，这套制度深深地植根于每个男人的心中，它规定着男人们的行为以及男人在不同社会梯级中应当扮演的角色。其中一个值得我们进一步研究但实施起来却相当困难的领域，那就是探究男性在船上的性行为方式以及他们是如何理解同性关系的。很明显，过去人们关于劳动分工的观念使得航海自然而然地成了男性的工作，这一观念到了19世纪更是造成了明显的两极化趋势：一端是由男性主宰的海洋世界；另一端是陆地上女性占主导地位的家庭生活。[17]

在这些船上几乎见不到女性的身影。18 世纪和 19 世纪早期，最值得人们关注的就是沦为奴隶或罪犯的那些人：他们在航行途中所经历的环境极为险恶，在船上被强奸或者遭到性虐待是家常便饭。有时，准尉的妻子会随她们的男人一同出海，她们会帮忙洗洗衣服或是做些其他家务。到 19 世纪，已有不少上流社会的白人女性以殖民地高级官员的妻子或伴侣的身份在帝国游历。埃米莉·伊登(Emily Eden)——她的哥哥乔治于 1838 年被任命为印度总督——生动地记录了他们的航行。每每回忆起当时的经历，她总会感到极度的不适，即便她当时的需求都得到了最大程度的满足。她描述了男性世界里森严的等级制度以及在船上目睹的种种男权现象。她作为女性的情感被男性特有的原始而又野蛮的“越界”“游戏”一次又一次地击垮。[18]

这样的旅行为我们打开了一扇洞察帝国性别化特征的窗口，这也是本书所要关注的具体内容。让我们来看两则案例，一则来自西印度群岛，另一则来自印度。从这两则简短的案例中，我们可以看出为什么说性别是帝国运作的一部分了。这两则案例的主人公都来自英国本土，都在殖民地生活过一段时间，游历广泛，并且都留下了文字记录，显然这些记录成为我们探究这一问题的唯一途径。当然，我们也可以采用另外一种思路来研究这个问题，那就是聚焦原住族群以及他们是如何受到性别机制的影响的，例如可以研究西印度群岛种植园里的奴隶劳动力，或者研究殖民地的各个布道团是如何“教化”那些男男女女，使他们精于家务的，抑或是研究卖淫行为以及性病传播是如何得到控制的。两则案例分别来自不同的渠道，一则摘录自私人日志，另一则是发表在期刊上的一个漫画故事，作者分别为女性和男性。第一则创作于 19 世纪早期拿破仑战争期间，这一时期，帝国正在迅速扩张；第二则创作于 19 世纪 30 年代，当时无论是在英国本土还是殖民地，大家热议的话题都是改革。

玛丽亚·纽金特(Maria Nugent)夫人是一位贵族，她和其他“附庸妻子”一样，会随同丈夫在殖民地到处游走。[19]这些男人有可能是殖民地的行政官员或者职位较高的军人，也有可能是牧师或者传教士。他们希望能在各方面都得到妻子的帮助，但又不必支付给她们劳动报酬。一种办法就是让自己的妹妹做女主人，比如埃米莉·伊登或者汉娜·麦考利(Hannah Macaulay)就属于这种情况，汉娜的哥哥托马斯·巴宾顿·麦考利(Thomas Babington Macaulay)于 1834 年曾以政府高级官员的身份赴印度任职。纽金特夫人于 1771 年出生在美国，是爱尔兰人的后裔，父亲是英国的保皇派，因此美国独立战争结束后，他们又回到了英国。她的丈夫乔治·纽金特(George Nugent)虽然是个私生子，但他父亲是位爱尔兰贵族，他从父亲那里继承了大笔财产。纽金特先生在部队和殖民地事务方面成绩斐然。1798 年爱尔兰起义期间，他被任命为北爱尔兰的军事指挥官，玛丽亚在经历了内战的恐惧之后非常希望能够离开那里。1801 年，他被任命为牙买加总督，这一职务对殖民地统治来说非常重要，而且薪水颇丰。作为军人的妻子，纽金特夫人不得不随丈夫四处奔波，即使她更愿意像以前那样在汉普斯特德①生活。牙买加对她来说没有一点吸引力，正如她自己说的那样，她知道有人希望她能够在“那些**黑仔**②面前扮演总督夫人”。但“**我们**③是军人”，她继续写道，“不可以有自己的意愿”。[20]

1801 年，她乘船去了牙买加，在那里生活了 4 年，其间生了 2 个孩子。1811 年，纽金特被任命为印度的最高指挥官。这一次，玛丽亚把孩子留在了英格兰，因为她觉得印度这个地方对他们来说太危险。纽金特夫人是位虔诚的信徒，她加入了福音派教会，诵读威廉·威尔伯福斯(William Wilberforce)和诗人考珀(Cowper)的文字，支持废奴运动，对牙买加荒淫放荡的社会风气感到震惊。尽管她对在岛上见到的一切事物都充满了浓厚的兴趣，但她最关心的主要还是丈夫和儿女们的健康和幸福。1801—1806 年在岛上生活期间以及 1811—1813 年在印度生活期间，她都保持着记日记的习惯，她写道，这样就能够“给我年轻的朋友们寄去一些关于西方世界的故事”。1839 年，这些日记通过私人途径得到了发表。我在这里主要关注的就是她在牙买加生活期间所做的那些记录，当然她对印度生活的简短记录也很有趣。在日记中，她比较了自己在爱尔兰、牙买加以及印度

① 伦敦最高端的住宅区之一。——译者注

②③ 原文为斜体。——译者注

生活的经历，还总结归纳了自己遇到的不同殖民地子民的特点。[21]

1801年，牙买加依旧是英国王冠上的一颗明珠，尽管从18世纪80年代开始，各种反对奴隶贸易的运动风起云涌，对岛国的经济和局势稳定造成了一定的打击。18世纪，奴隶制不断遭到各方抵制，尤以1760年爆发的泰基起义为甚，但这次起义遭到了残酷的镇压。1798年再次爆发起义，不久后，纽金特一家就抵达了牙买加。随着英国陆军和英国海军的到来并且在岛上民兵正规组织的维护下，殖民地的统治和种植园的经济才得以维持下去。换句话说，维护奴隶制必须依靠强制和暴力手段。18世纪末，仅3万白人就成功控制住了25万人的非洲奴隶起义：当时岛上90%的人口都是奴隶。自17世纪后期起，甘蔗种植园和奴隶制度就成了经济发展的重要支柱。岛上白人妇女的数量极少，因为在大多数欧洲人看来，牙买加只是个发家的地方，不适合安家。种植园按照性别进行劳动分工，女性奴隶主要负责家务和大部分地里的活计，男人则出去做奴隶头子，或者承担与糖类熬制或者糖类加工有关的所有技术活。因为种植园既是工厂也是农场，这里就是现代资本家企业的原型。[22]

第一批殖民者从在岛上定居的那天起就认为自己有权与那些奴隶妇女发生性关系了，他们还建立了一套较为全面的非法同居制度。詹姆斯·斯图尔特(James Stewart)在19世纪

20年代这样写道："每一个阶级的每一位白人未婚男性都有一位黑人或棕色人种的情妇，他们公开地生活在一起。这种做法在他们看来似乎无伤大雅，甚至连那些来家里拜访的白人女性或亲友都不觉得这样做会有失体统，他们很自然地接受款待或爱抚主人的儿女，并且与他的**管家**①交谈，仿佛那些被他们自己阶级视为不体面的行为放在有色人种妇女身上并没什么不妥。"[23]男人通奸已是公开的秘密，而且这就是"这个国家的习俗"。以这种方式结合生出的混血子女也会被视为家庭中的一员，有时还会获得自由。18世纪，有色人种的数量肆意增长，女人对白人男性来说非常有吸引力。

那么，在纽金特夫人的笔下，性别化的帝国到底是怎样运作的呢？显然，她的经历与她的阶级地位是密不可分的，毕竟她在岛上是一位重要的女性。而且，纽金特先生位高权重，他既是军队的指挥官，又掌握着岛屿的行政权，有时她甚至觉得他俩仿佛就是国王和王后。不过，平时纽金特先生不得不经常与一些违命不遵的议员谈判，那些议员大部分是一些想保护自身利益使之不受英国侵犯的种植园主，特别是那些要保护奴隶制的人。

纽金特夫人为我们提供了很多有关殖民地统治性别化的材料。殖民地官员、军队官员以及地方官员全都属于男性世

① 原文为斜体。——译者注

界的一部分。她作为“附庸妻子”，就是要协助丈夫履行他们的职责。首先也是最重要的任务就是要经营好家庭。西班牙镇的总督府是当时殖民地最豪华的居所之一。那是一处半开放的场所，那里时常要召开会议、接见宾客、举办晚宴或者舞会，更不用说阅兵仪式了。她的丈夫同其他权贵一样，身边时常会有一众年轻的军官围绕，他们都是家里的常客。初到西班牙镇时，她发现这所豪华公馆脏乱不堪。她在日记里详细记录了与她一同来到岛上的两位白人女仆当中的一位，讲这位女仆如何教导黑人女佣按照她的要求来做清洁。她发现牙买加着实是一个让人烦心的地方，她不得不忍受高温、蚊虫叮咬以及暴风雨的侵扰。在她看来，人们最常讨论的话题无外乎债务、疾病和死亡。不久，纽金特一家就搬到了乡下，比起之前的官邸，她更喜欢乡下，因为她终于可以拥有属于自己的生活了。

作为一位嫁入拥有世袭土地家庭的女性，她最重要的贡献就在于为纽金特生育了子嗣，延续了家族的血脉。她是丈夫的忠实伴侣，而且显然很爱他，对于他的倾诉她总能洗耳恭听，而且不辞辛劳地为他的饮食和健康操心。她会帮他誊抄信件，特别是一些涉及敏感事务且尚在讨论中的机密信件。她是他的女主人，扮演着至关重要的角色，因为款待客人是殖民地总督与外界联络感情并提供资助的重要方式，比如邀请宾客参加晚宴、举办舞会，抑或是款待岛上的来客，等等。“我的交际非常广，我有一大家子

焦虑①的人需要照顾，还要回复大量的申请信和留言……”她在日记中这样写道[24]。她要密切留意自己的舞伴、留意曾经见过的人、留意曾和谁讲过话以及曾坐在过谁旁边，因为她不能对任何人表现出偏袒或者只和某些人交往，一旦有失偏颇就有可能招致党派偏见。但如果她措辞得体，或许就可能赢得关键性的一票或是化解一场尴尬的矛盾。纽金特夫人似乎从不抱有任何个人野心，也未曾言语失当。总之，她作为殖民地官员的妻子，堪称完美。

她对那些随处可见的混杂的男女关系感到非常震惊，同时又对那些公然过着放荡生活的白人男性感到沮丧。她经常会向那些已有妻室的年轻军官灌输良好的道德规范，同时也为他们不能在岛上享受温馨的家庭生活而感到惋惜。有一次，她见到一位已婚妇女在同丈夫讲话时语气显得过于活泼，便上前与她进行了极为严肃的交谈，告诉她这样会让男人有失尊严。她确信，是岛上的风气严重带坏了欧洲人的品性，当时很多人也都这样认为。不知为什么，英国人到了这个热带地区后就会发生变化。上层社会的男人们开始变得懒惰、涣散、放纵而且贪婪，他们“被那些黑白混血的女人搞得神魂颠倒”。无论男人还是女人都极大程度地被“克里奥尔化”了，她用这个词来表示：懒洋洋地躺在椅子上，把脚翘得老高。她还讲述了一段非常可怕的经历——是关于一些“黑黄混血女

① 原文为斜体。——译者注

人”以及她们毒蛇一般的行为的。她发现，那些克里奥尔女人，也就是在岛上出生的女人，通常心胸都比较狭窄，傻笑起来总会显露出难以掩饰的愚昧。她们的女儿反倒要比母亲更有教养，而且会因为自己的母亲趣味低下而感到窘迫不安。孩子们很受宠溺。她所见到的那些“黑白混血”（现在人们都这样称呼那些混杂人种的后代）女性，通常她们的父亲要么是议会议员或者军官，要么是拥有大量资产。在她看来，这些男人本该更加明白事理的。

然而，牙买加对那些“下层社会”的人影响还要坏，她发现那些人很多都是“穷困的冒险家”，既庸俗又缺乏道德。让她感到万分惊恐的是，有些女人竟然公开谈论自己的艳事以及孩子们的不同生父。她曾在日记里提到过自己在居住区遇到的一个工头，字里行间明显流露出厌恶之情。他是个粗俗不堪的苏格兰人，是位拿半薪的军官。他的那位**“亲爱的”**[①]——因为“这里没有哪个男人没有情人”——是“一个高挑的黑人妇女，身材不错，塌鼻梁，厚嘴唇，黑檀木般乌黑的皮肤焕发着健康的光泽。她给我看了她的三个黄皮肤孩子……她是那个下流丑陋的苏格兰苏丹最宠爱的女眷。那个男人50来岁，行动笨拙，长得不怎么样而且很肮脏，蜡黄的面色中透着肮脏的棕色，仅有的两颗大尖牙也已经发黄……”面对这些奇人怪事，纽金特夫人认为自己所能做的

① 原文为法语 *chere amie*。——译者注

只能是尽量在家庭生活方面做好表率，希望能用这种方式为生活在这个“悲哀的、道德沦丧的国家”的人们带来些许积极的影响。[25]

如果说这些悲哀都源自种族差异和奴隶制，那么纽金特夫人又是如何看待那个“特殊制度”的呢？自18世纪80年代以来，英国人一直在探讨的紧迫问题就是非洲人的性格。他以前是一个怎样的男人？她以前又是一个怎样的女人？他们是不是像废奴主义者所说的那样，原本都属于同一个人类家族，而之所以过着那样的生活只不过是因为境况所迫？还是像牙买加著名的历史学家爱德华·朗(Edward Long)所认为的那样，他们本来就属于另外一个物种？[26]在纽金特夫人的笔下，非洲人只是一些模糊的身影，他们几乎都没有名字，也不许发声。她家里有一个男性奴隶，名叫丘比特(Cupid)，这个名字是她的长辈给取的，因为奴隶主认为自己有权给奴隶取名字，就好像在英格兰，女主人可以给自家的仆人取名字一样。她记录了把他改名为乔治(她丈夫的名字)的这件事，或许她认为这样可以显得高贵一些，显然她认为他以前的名字无关紧要。纽金特夫人是怀着抵制奴隶制的信念踏上牙买加的土地的，但她在行动上却又摇摆不定。她一方面对奴隶充满了同情，努力让自己的白人女仆相信黑人也是人，也有自己的灵魂；可另一方面，她自己又剥夺了他们的人性。她很抱歉将自己可怜的女仆留在“一帮黑人”中间，他们就像小孩一样，“喜欢吵吵闹闹”，没有一点思考能力。“黑仔们”

(孩子们这样称呼黑人)喜欢唱歌，也爱笑，她写道。她觉得他们的待遇比起爱尔兰的农民阶层可好多了。她由于急于想了解“祖国”那边正在辩论的议题，便阅读了呈送给下议院的关于废除奴隶贸易的证词，她认为他们非说不可的那些话“实在过于夸张”。她继续写道：“我承认，有些人的确会偶尔滥用权力，但总的来说，我认为人们还是善待奴隶的。”她并没有见过种植园奴隶的悲惨遭遇，她所接触的主要还是家里的那些非洲人。她在环岛游历时参观了一家糖厂，见到了糖的加工过程。这次经历让她大致了解了奴隶们的工作环境，她表示“我无论如何也不想拥有糖厂”。

纽金特一家在岛上停留的那段时间，刚好牙买加的局势比较动荡。附近圣多明各爆发的革命导致很多白人殖民者被屠杀。1801 年，就在欧洲战事刚刚平息后不久，拿破仑决定采取入侵行动并恢复奴隶制，致使战争再次爆发。“幸好我不是男人”，纽金特夫人这样写道。英国起初是法国求助的对象，但后来两国又一次爆发了战争，8000 名法国囚犯被送往牙买加。纽金特勋爵发现自己被卷入了一场关于如何使用黑人军队的激烈争端，在这一问题上，他同议员之间存在较大的分歧。他坚信有必要增加驻岛部队的人员配备，希望西印度群岛的黑人军团能够在岛上驻扎。然而那些白人庄园主们却坚决反对，他们一听到有非洲人要来就感到极度恐慌，哪怕来者只是在英国军队服役。纽金特夫人曾经遇到过一支新兵部队，他们的“野蛮长相”曾遭人指指点点，于是她就停下来想看看他们是否会因此感到不悦。其中有一名身材魁梧的士兵朝她咧嘴一笑，那“真称得上是食人族的牙齿，全部都突了出来，我不禁浑身发抖”，她这样写道。随着局势的进一步升级，她的笔触也越发充满敌对意味。比如，每当饭桌上有人谈论圣多明各的当前局势以及非洲军队的实力时，站在一旁的仆人就会听得入了迷。她很害怕仆人在听了这些偏激的言论之后会有什么危险的举动，于是她不得不安慰自己，仆人会忠心待他们的。不过“我肯定，那些黑人的恐惧一定不亚于白人”（指的是法国人），她写道。[27]而且，当地的白人妇女也跟她讲过，“黑人”一旦被激怒将会凶残无比。于是她确信，在牙买加这样一个腐化堕落的社会，无论是殖民者还是被殖民者都无法独善其身。最终她还是选择了带着孩子离开，以免遭遇不测。

Ⅱ

纽金特夫人在牙买加所遭遇的就是一个高度性别化的社会。那么印度的情况又如何呢？著名小说家威廉·梅克皮斯·萨克雷（William Makepeace Thackeray）用喜剧的形式为我们描绘了一幅完全不同的画面，我们可以从他的早期作品《加哈甘少校生活点滴》（*Some Passages in the Life of Major Gahagan*）中了解一二。这部作品首先部分刊载于1838—1839年的《新月刊》（*New Monthly Magazine*）。

同许多英国人一样，萨克雷也与这个帝国有着紧密的联系。他1811年出生于加尔各答，父亲是东印度公司税务委员会的一名行政官，母亲的家族里也有人在该公司任职。萨克雷的父亲婚前曾与一位印度情妇育有一私生女，这种情况在18世纪晚期东印度公司的许多官员中很常见。父亲在遗嘱中承认了这个女儿的身份，而且萨克雷后来还对这个同父异母的姐姐怀有相当大的愧疚。这种愧疚感常常表现为他小说中那些混血子女内心深处的矛盾心理。[28]5岁以前，萨克雷在家里过着王子般的生活，他的母亲由于曾被告知不能再生育，于是便将自己满腔的母爱都倾注在了这个儿子身上，家里的佣人也给予了他无微不至的照顾和疼爱。5岁时，萨克雷被送到英格兰去上学，此后他再也没有回过印度。但出于父母及后来妻子的这层关系，他从未割断与印度的联系，这一情结对他的一生都产生了重要的影响。从查特豪斯公学毕业以后，萨克雷进入剑桥大学学习，之后他就过上了阔少爷般的生活。可是，由于1833年印度各银行代理公司纷纷倒闭，他从父亲那里继承的大笔遗产几乎全部损失殆尽，这也成为他日后创作维多利亚时期中产阶级生活题材的《纽克姆一家》(*The Newcomes*)的重要素材。写作成了他谋生的手段，从定期在普通杂志上发表短文和游记，再到创作小说，萨克雷渐渐树立起了声望。父亲去世以后，他的母亲改嫁给了她的初恋情人亨利·卡迈克尔-史密斯(Henry Carmichael-Smyth)——一位在孟加拉工兵部队担任少尉的军官，当初俩人因女方家里反对而未能走到一起。再婚后，他们回到了英格兰，萨克雷与他们一起度过了一个夏天。1833 年，卡迈克尔-史密斯的哥哥被任命为英属圭亚那总督。至此，萨克雷与东印度和西印度都有了联系。他的传记作者戈登·雷（Gordon Ray）认为，他在印度的童年经历对他的文学创作产生了非常重要的影响，而在更早前亨利·詹姆斯（Henry James）也曾指出，萨克雷塑造的大量小人物形象及社会百态都与他在殖民地的经历有关。[29]

萨克雷非常执着于关注人们在公众视野下的虚伪生活，就像在著名的《名利场》（*Vanity Fair*）中所呈现的那样，世界上的一切都是为了出售，同时，当下的婚姻与家庭观念也受到了严厉的批判和严苛的审视。婚姻与家庭是萨克雷多部小说的中心主题，他从不对家庭生活做任何美化。他很乐于模仿别人的创作手法，特别是模仿那些年代较早的小说风格。然而，一些批评家比如帕特里克·布兰特林格（Patrick Brantlinger）注意到，萨克雷从不表明政治立场，他总是关注那些存在于个人身上的小瑕疵和小弱点，他认为私人的生活百态要比那些全景式的大众题材更能真实地反映“人间喜剧”。与同时代其他一些描写印度的福音派或功利派作家——比如查尔斯·格兰特（Charles Grant）、威廉·威尔伯福斯（William Wilberforce）和詹姆斯·米尔（James Mill）不同的是，萨克雷的政治态度早已通过私德表现出来了。查尔斯·格兰特早在 18 世纪 90 年代后期就率先发布请愿，希望能够在印度进行福音传道，于是当地的传教士纷纷响应，掀起了一场反对**萨蒂**①的运动。萨蒂是印度教中的一个习俗——丈夫死后，寡妻要在丈夫的葬礼上被置于柴堆上烧死殉葬。自 19 世纪 10 年代起到 20 年代末该风俗被废除时止，这一话题在英国一直受到广泛关注(学界也在集中研究这一议题)。[30]威尔伯福斯作为下议院中的一员，也积极参加反对萨蒂的运动，同时还坚决抵制奴隶制。在功利主义者看来，印度教的做法，特别是对待女性的一些做法，是将帝国统治进行合法化的主要手段。米尔在其权威著作《英属印度史》(*History of British India*)中的一段话让人印象深刻："再没有哪个国家比印度更能习惯性地轻视女性的了，印度教徒甚至还以此为乐……因此在印度，女性的地位极其低下。粗鄙之人视女性为堕落之身；文明之人视女性为高贵之躯……"[31]萨克雷只是客观呈现了印度这种贬低女性的"本土"文化，但从未向印度提供任何可以改进的建议。与那些同时代侨居印度的英国人一样，萨克雷似乎也意识到了大多数"本族人"的这种堕落的性格。尽管他从未支持过奴隶制，但却认为种族不平等是必要的，也是必然的。他的作品中虽然运用了大量与奴隶制有关的比喻，但这只是为了探讨白种人当中男女地位的差别，而不是针对英国本土白色人种与殖民地有色人种子民之间男女地位的不平等。

① 原文为斜体。——译者注

《加哈甘少校》是萨克雷创作的唯一一部把故事情节安排在印度的小说，尽管印度经常被他用作小说的背景。比如《名利场》中让人难忘的喜剧人物，一位侨居印度的英国人乔斯·塞德利(Jos Sedley)——一名肥胖的卜克雷沃拉的税收官；再比如忠厚而单纯的纽克姆上校，在其同名小说《纽克姆一家》中，他因为印度邦德尔肯德银行倒闭而变得穷困潦倒。从某种意义上讲，萨克雷是以此来回应约瑟夫·马里亚特(Joseph Marryat)等一些人笔下的虚构情节，这些人极力推崇服兵役制度和英雄主义，认为这就是成就伟大帝国的基石。在《加哈甘少校》一书中，萨克雷用极其夸张的篇幅，以一种调侃的笔调来讽刺"英国军队英勇无敌"这一主题。[32]萨克雷创作这部作品时，印度正受到万众瞩目。沃伦·黑斯廷斯审判案发生后，媒体对印度给予了更多的关注，而且从第三次英国-迈索尔战争(1789—1792年)开始，媒体对印度各种事件的报道也在增加。道格·皮尔斯(Doug Peers)认为，在19世纪的英国人看来，印度是一个战争频发的国家，就像约翰·马尔科姆(John Malcolm)所说的那样："我们基本就是依靠武力来统治那个国家的。我们之所以能够通过民事制度来保护并增加个人财产，也是有赖于这个军事力量英明且带有政治策略的行动，这是整个国家正常运转的基础。"[33]英国人在印度是一群被包围了的少数派，而且早在19世纪20年代，英国在意识到自己势单力薄的现状后，就把印度变成了一个有驻军的国家。英国人完全了解自己的现实处境，在如此辽阔的疆域面前，他们的人数实在是微不足道。1834 年，当麦考利到达印度的那一刻，面对“无数迎面而来的本地人”，他简直惊呆了，似乎每个人都是他的潜在敌人，黑压压的一片。“我们在那儿就是外地人”，他对自己的妹妹玛格丽特（Margaret）这样写道。[34]英国在印度的驻军不仅吸引了英国本土媒体的关注，就连戏剧和视觉文化作品中也时常可以见到他们的身影，作家和小说家再现了不列颠英勇无畏的历史，于是殖民统治就显得更加合法了。主教希伯（Heber）①在其流传甚广的《印度游记》（*Travels in India*）中评价了无处不在的潜在暴力。与此同时，托马斯·卡莱尔（Thomas Carlyle）对英勇的克莱夫大加赞赏，而且麦考利也认为，伟大的克莱夫和黑斯廷斯虽然有缺点，但他们征服了印度，为改革新时代的开明统治铺平了道路。[35]

萨克雷利用这些关于印度军队的描述，创作了有关爱尔兰英雄卓著功勋的故事。那么，《加哈甘少校》这部创作于英格兰的喜剧故事告诉了我们怎样一个性别化的帝国呢？尽管读者可以从不同角度对这些故事进行解读，甚至可能并不认同萨克雷的某些观点，但他却提出了一个普遍存在的差别语法，这些差别既存在于男女之间，也存在于殖民者与被殖民者之间。尤其是主人公加哈甘，他是作者虚构出来的一个爱尔兰人，典型的刻板形象，是一个会“讲各种荒诞故事”的滑

① 英国圣公会驻加尔各答的主教。——译者注

稽人物。[36]作品讲述的是19世纪初在马拉塔战争期间，发生在歌利亚·欧·格雷迪·加哈甘(Goliah O'Grady Gahagan)身上的关于战争与爱情的不平凡的故事。这位爱尔兰英雄非常英勇善战，以至于韦尔斯利(Wellesley)把自己的非正规军骑兵连交给加哈甘作为奖赏，故事便围绕加哈甘与骑兵连的种种冒险经历而展开。加哈甘任命了几位欧洲军官，又从最善战的人种——"皮坦人"和阿富汗人当中挑选了一些"本地人"作为麾下的正规军人。

这个虚构故事中的很多章节都关注到了性别与"人种"的问题，虽然采用的是喜剧的表现手法，但都以殖民帝国的现实情况作为参考架构。其中有一章就反映了令人恐怖的跨种族通婚(这也是萨克雷作品中一个贯穿始终的主题)。加哈甘——一个"17岁的新兵短号手"，长着一头"火红色的头发"，操着一口爱尔兰土腔，身高2米——起程去了印度。在船上，他疯狂地爱上了孟加拉骑兵队指挥官的千金朱莉娅·朱勒(Julia Jowler)，同时爱上这位姑娘的还有一位外科医生、一位上了年纪的上校和一位船长。据说这个女孩的"美貌和声音都让人着魔：'噢，她那双乌黑明亮的眼睛！——噢，她光亮的卷发像黑夜一样乌黑！——噢，还有她的双唇！'……我们以前都叫她女巫"。朱勒中校的妻子是"一个混血儿，生长在印度，中校就是在她'本地人'的母亲家里把她娶进了门"。她这个人，"我敢说，从名字就可以看出来不是基督徒，或者说连一点基督教信仰都没有。她是个又丑又胖的黄种人，下巴上还长着胡子，牙齿黑黢黢的，眼里泛着红光。我简直看不出她哪有一丁点儿好：她那么胖，那么难看，又撒谎，还很小气。她讨厌这个世界，这个世界也讨厌她，就连她那个平时嘻嘻哈哈的丈夫都打心底里厌恶她，更别提其他人了……”加哈甘最讨厌看她吃东西，她嘴上说厌恶咖喱，可眼里却透露着难以置信的贪婪，而她自己偏就和咖喱“一个色”。“她在吃前三盘食物时还知道用叉子和勺子，就像基督徒那样，”萨克雷接着写道：“可是随着胃口大开，这个丑婆娘就甩开餐具，把盘子拽到跟前，直接上手把米饭塞进嘴里。她的饭量简直抵得上一个印度步兵连。”朱勒一开始听说加哈甘要向自己的女儿求婚时，很是不以为意，还嘲笑他只不过是个一文不名的穷小子。可一年半以后，当加哈甘在战斗中证明了自己的英勇，终于可以向心爱的姑娘求婚时，他却发现朱莉娅已然成了寡妇，还生了一个“黑不溜秋的孩子”。订婚的事就只能不了了之。[37]至此，英国本土的读者们可以松口气了，加哈甘终于避免了一桩不幸的婚姻，这个女人的表象之下隐藏着太多“本土人”的习性。

另外一则是一个关于受困的白人妇女的故事。有一次，加哈甘因为受了伤，就去一个偏远的宿营地疗伤。这个宿营地位于一座小山上，一群白人妇女被召集在那儿以确保她们的安全。部队总司令莱克(Lake)勋爵把这些妇女托付给加哈甘来照看，并对他说：“加哈甘，我就把这些女士交给你了。你一定要用生命保护她们的安全，照料她们是你的荣耀，请用你坚实有力的臂膀保护好她们……”很快，加哈甘的伤病痊愈了，他举办了一场盛大的晚宴来庆祝，并邀请了宿营地里所有欧洲人来参加。然而，一些传教士和虔诚的信女出于信仰原则拒绝了邀请，他们就待在主堡外的平房里。那天夜晚，马拉塔人的首领——凶悍的霍尔卡(Holkar)率领一众勇士和象群偷袭了宿营地，杀死了那些传教士，并把俘虏来的妇女带回去做女眷。加哈甘当时的情妇——有趣又可爱的贝琳达·巴尔彻(Belinda Bulcher)——听到这个消息后简直吓坏了，她要他发誓“如果——我是说如果——那个可怕又讨厌的黑鬼马拉-阿-阿塔人夺下了要塞，你一定要把我送到他们找不到的地方”。加哈甘把这个心爱的姑娘紧紧搂在胸前，对着自己的利剑发誓说，“我宁可亲手杀了她也不能让她蒙受羞辱”，这让她心里好受多了。看到女士们心惊胆战的样子，加哈甘建议，一旦敌人冲进堡垒，她们就全部自杀。然而这一建议却未能得到积极响应。[38]

同时，霍尔卡还派了一名外交使节要求加哈甘投降，否则就杀掉宿营地的所有人。面对敌人的恐吓威胁和留守在堡垒的“本地”部队的胆小懦弱，加哈甘做出了一个勇敢的决定，他俘虏了来使——一个叫伯巴奇(Bobbachy)的军官。他自己穿上伯巴奇的衣服，用布格斯的“核桃酱”把皮肤染成了深色，又用“沃伦喷染罐”把自己的红头发染成了黑色，然后就动身去了霍尔卡的营帐。他决定冒充伯巴奇，于是就假装是在说印度斯坦语一样故意胡言乱语了一通。敌人起初真的被他的伪装给蒙骗了，还带他去见了他所谓的妻子——那位可怕的霍尔卡的女儿。没想到那个姑娘竟然迷上了他，完全被他强健的体魄和阳刚的气质所折服。不过，她是“一个黑脸蛋的家伙”“又老又丑”“面色如糖浆一般”(相比之下还是他的贝琳达更讨人喜欢)。她“还穿了一条艳俗的裙子，戴了一身晃眼的珠宝，这简直让她再丑上一千倍”。为了拉拢这个姑娘，加哈甘跟她讲，如果她不帮他的话，他就会杀了她的丈夫，那样她就成了寡妇，就会被父亲带去殉焚，她会死得相当痛苦(萨克雷在这里故意嘲弄印度的萨蒂习俗，这也是英国媒体热议的话题)。故事的大结局充满了荒诞的戏剧性，英国人在弹药耗尽后，就把橄榄和奶酪放进枪膛，这种做法显然是在告诉敌人他们被施了魔法。后来，加哈甘受尽了折磨，不过还是被人从死亡线上解救了出来，救他的正是那些忠实的非正规军，那些勇敢的“皮坦人”和阿富汗人终于在最后一刻出现了。萨克雷这样写是在对比忠诚的“本地人”和背信弃义的“本地人”。这在殖民地话语中也很常见。[39]

这部喜剧作品显著的不同之处在于，它融汇了一系列人们耳熟能详的殖民比喻。萨克雷在作品中呈现的主题既包括印度人对“本国”妇女的野蛮残暴，也包括他们对无助的白人女性的残酷行径，同时也体现了在英国军队里服役的某些少数民族族群的骁勇善战。这些主题随着 1857 年

“印度雇佣军兵变”(或称印度民族起义)的爆发，再次引发了关注。正如许多学者所指出的那样，1857年的事件对无辜的妇女和儿童来说是一次残酷的打击，这无疑激发了英国那些受压迫民众的战斗热情，促成了他们的全民动员。[40]曾经被那那·萨希布(Nana Sahib)用来屠杀白人妇女和儿童的坎普尔井成为19世纪末众多脍炙人口的爱国小说的创作题材。[41]希瑟·斯特里兹(Heather Streets)曾指出，1857年那些英勇奋战的英军士兵都被塑造成了英雄，而那些叛乱者都被描绘成了软弱之辈。组成孟加拉军队的高种姓印度斯坦人被描述成了阴险狡诈、背信弃义、情绪极易被迷惑和煽动的反面形象；而锡克教徒、廓尔喀人和苏格兰高地人等这些镇压起义叛军的主力则被认为是勇猛、忠诚又无畏的男性代表。[42]人们会把勇士的英勇善战同他们那种男性的阳刚气质联系起来，这对19世纪晚期的英国乃至整个帝国的流行文化都产生了深远的影响。[43]

Ⅲ

性别是贯穿殖民帝国的一条主线，男人和女人无论身处何地都有性别因素在发挥作用，即便在男女各自的同性社会内部也是如此。性别有它自身的运作方式，它为所有人大致拟定了不同的可能性与机遇，决定了人们彼此之间的相处方式。性别是一种权力轴心。性别差异既存在于组金特夫人写给家乡朋友看的、记录帝国热带哨所日常生活的日记里，也存在于萨克雷在帝国主题与经历基础上展开丰富想象而创作的、反映印度军人生活的荒诞故事里。性别的确是殖民统治中一个极其重要的层面。它使帝国统治变得正当合理，因为人们认为性别带来了文明，也带来了“良好”的两性关系。此外，性别差异也规定了殖民者与被殖民者各自子民的社会定位。性别差异虽然总是与其他种类的差异如阶级差异、“人种”差异、种族差异以及性行为差异一并提及，但它代表了殖民世界中一种重要的权力形式。大英帝国的确是一个被性别化了的帝国。

注 释

第一篇

1. D. Middleton, *These are the British* (New York, 1957), p. 135.
2. S. Leacock, *The British Empire* (London, 1940), p. 1.
3. A.J. Nouryeh, 'Shakespeare and the Japanese Stage', in D. Kennedy, *Foreign Shakespeare: Contemporary Performance* (Cambridge, 1993), pp. 254–69.
4. The figure is selected at random: annual statistics are published from time to time in *Theater Heute*. The 1988–89 season was notable for the number of West German productions exported to what was then the Democratic Republic: see M. Hamburger, 'Shakespeare auf den Bühnen der DDR in der Spielzeit 1988/89', *Shakespeare Jahrbch*, 126 (1990): 180–93.
5. F. Fernández-Armesto, 'Renaissances: Asian and Other', in M. Rajaretnam (ed.), *José Rizal and the Asian Renaissance* (Kuala Lumpur, 1997), pp. 48–60.
6. J. Mangan, *The Games Ethic and Imperialism* (New York, 1986).
7. J. Sabben-Clare, *A History of Winchester College* (Southampton, 1981), p. 109.
8. T. Mason, *Passion of the People? Football in South America* (London, 1995), pp. 1–26.
9. G. Taylor, *Reinventing Shakespeare* (New York, 1989), pp. 311–411; C. Norris, 'Post-structuralist Shakespeare: Text and Ideology', in J. Drakakis (ed.), *Alternative Shakespeares* (London, 1985), pp. 47–66.
10. B. Vickers, *Appropriating Shakespeare: Contemporary Political Quarrels* (New Haven, 1993), pp. 165–271.
11. cf. D. Kennedy, 'Introduction: Shakespeare without his Language', in D. Kennedy (ed.), *Foreign Shakespeare: Contemporary Performance* (Cambridge, 1993), pp. 1–18, at p. 2.
12. J.J. Joughin (ed.), *Shakespeare and National Culture* (Manchester, 1997), pp. 19–169, is indispensable for understanding this view, though it is presented in a robustly partisan way.
13. C.J. Sisson, *Shakespeare in India: Popular Adaptations on the Bombay Stage* (London, 1926), p. 15.
14. J. Prasad Mishra, *Shakespeare's Impact on Hindi Literature* (New Delhi, 1970), p. v.
15. T. Hawkes, 'Swisser-Swatter: Making a Man of English Letters', in Drakakis, *Alternative Shakespeares*, pp. 26, 46, at p. 43; *That Shakespeherian Rag: Essays on a Critical Process* (London, 1986), pp. 67–8. I am grateful to Mr Alan Powers for this reference.
16. W.H. Clemen, *The Devlopment of Shakespeare's Imagery* (New York, 1962).
17. J. Lambert, 'Shakespeare en France au tournant du XVIIIe siècle: un dossier européen', in D. Delabastita and L. d'Hulst (eds), *European Shakespeares: Translating Shakespeare in the Romantic Age* (Amsterdam, 1993), pp. 25–44, esp. 29–32.

18. B. Schultze, 'Shakespeare's Way into the West Slavic Literatures and Cultures', in Delabastita and d'Hulst, *European Shakespeares*, pp. 55–74, esp. 56–9; K. Smidt, 'The Discovery of Shakespeare in Scandinavia', in Delabastita and d'Hulst, *European Shakespeares*, pp. 91–103, esp. 92–5; J. Pokorny, *Shakespeare in Czechoslovakia* (Ann Arbor, 1970), pp. 11–12; M.B. Ruud, *An Essay towards a History of Shakespeare in Denmark* (Minneapolis, 1920), p. 9.
19. R. Pascal (ed.), *Shakespeare in Germany, 1740–1815* (New York, 1971), pp. 72–91.
20. A. Par, *Representaciones shakespearianas en España*, 2 vols (Madrid, 1936), I, pp. 17–150.
21. M. Gilman, *Othello in French* (Paris, 1925), p. 3.
22. S. Williams, *Shakespeare on the German Stage, I: 1586–1914* (Cambridge, 1990), pp. 9–10; Pascal, *Shakespeare in Germany*, pp. 50–2.
23. J. Truslow Adams, *Building the British Empire* (New York, 1938), p. x; C.B. Fawcett, *A Political Geography of the British Empire* (Boston, 1933), p. 1.
24. J.R. Seeley, *The Expansion of England* (London, 1888), p. 1.
25. J. Black, *War and the World: Military Power and the Fate of Continents* (London, 1998), p. 170.
26. F. Fernández-Armesto, *Millennium: A History of the Last Thousand Years* (New York, 1995), pp. 384–6; J. Goody, *The East in the West* (Cambridge, 1996).
27. Adams, *Building the British Empire*, p. 16.
28. Quoted in Seeley, *Expansion of England*, p. 2.
29. C. Lucas, *The Story of the Empire* (New York, 1924), pp. 3–5.
30. P. Gibbs, *The Romance of Empire* (London, 1924), p. 2.
31. F. Fernández-Armesto, 'Naval Warfare after the Viking Age', in M.H. Keen (ed.), *Medieval Warfare* (Oxford, 1999).
32. A. Mockler, *Haile Selassie's War: The Italo-Ethiopian Campaign 1935–41* (New York, 1984), pp. 146–7.
33. A.V. Berkis, *The History of the Duchy of Courland, 1561–1765* (Towson, Md, 1969), pp. 75–9, 144–57, 191–5.
34. F. Fernández-Armesto, 'The Origins of the European Atlantic', *Itinerario*, xxiv (1981), 343–78.

第二篇

1. Nicholas P. Cushner (ed.), *Documents Illustrating the British Conquest of Manila 1762–1763* (Royal Historical Society, Camden 4th series, viii, London, 1971), p. 59.
2. See Nicholas Tracy, *Manila Ransomed: The British Assault on Manila in the Seven Years' War* (Exeter, 1995).
3. The National Archives: Public Record Office (henceforth, TNA: PRO), Foreign Office Papers, FO 118/30B, ff. 71–6, for a copy of Onslow's instructions from Rear-Admiral Sir Thomas Baker.
4. Quoting from Onslow's own account, sent to Baker on 19 Jan. 1833: see TNA: PRO, Admiralty Papers, ADM 1/2276. Onslow wrote in similar terms to the British representative at Montevideo: see FO 118/30B, ff. 1–4.

5. Charles Lee, the American general (and former British army officer), used the phrase in 1776, anticipating the problems of countering British amphibious operations: *Lee Papers* (New-York Historical Society Collections, 4th series, x, New York, 1871), p. 795.
6. *Hansard's Parliamentary Debates*, 3rd series, 16 (1833): col. 1040.
7. Jan Glete, *Navies and Nations: Warships, Navies and State Building in Europe and America, 1500–1860*, 2 vols (Stockholm, 1993), I, p. 253.
8. H.V. Bowen, 'Mobilising Resources for Global Warfare: The British State and the East India Company, 1756–1815', in H.V. Bowen and A. González Enciso (eds), *Mobilising Resources for War: Britain and Spain at Work during the Early Modern Period* (Pamplona, 2006), p. 86.
9. See, esp., Daniel A. Baugh, 'Great Britain's 'Blue-Water' Policy, 1689–1815', *International History Review*, 10 (1988): 33–58, and 'Maritime Strength and Atlantic Commerce: The Uses of "a grand maritime empire"', in Lawrence Stone (ed.), *An Imperial State at War: Britain from 1689 to 1815* (London, 1994), pp. 185–223; Michael Duffy, 'The Establishment of the Western Squadron as the Linchpin of British Naval Strategy', in M. Duffy (ed.), *Parameters of British Naval Power, 1650–1850* (Exeter, 1992), pp. 66–81; N.A.M. Rodger, 'Sea-Power and Empire', in *The Oxford History of the British Empire*, II, *The Eighteenth Century*, ed. P.J. Marshall (Oxford, 1998), pp. 169–83, 'Seapower and Empire: Cause and Effect?', in Bob Moore and Henk van Nierop (eds), *Colonial Empires Compared: Britain and the Netherlands, 1750–1850* (Aldershot, 2003), pp. 97–111, *The Command of the Ocean: A Naval History of Britain, 1649–1815* (London, 2004), esp. 'Conclusion'.
10. Rodger, 'Sea-Power and Empire', p. 179.
11. Rodger, *Command of the Ocean*, pp. 615–17 (appendix III); Stephen Conway, *The War of American Independence 1775–1783* (London, 1995), p. 158 (table 2).
12. TNA: PRO, Admiralty Papers, ADM 8/100. Convoys, 'unappropriated' vessels, troop-ships and stationary craft – e.g., prison- and hospital-ships – are excluded.
13. Gerald S. Graham, *The Politics of Naval Supremacy: Studies in British Maritime Ascendancy* (Cambridge, 1965), p. 1.
14. Nicholas Tracy, 'The Gunboat Diplomacy of the Government of George Grenville, 1764–1765: The Honduran, Turks Island and Gambian Incidents', *Historical Journal*, 17 (1974): 711–31.
15. Nicholas Tracy, 'The Falklands Islands Crisis of 1770: Use of Naval Force', *English Historical Review*, 90 (1975): 40–75.
16. Howard V. Evans, 'The Nookta Sound Controversy in Anglo-French Diplomacy – 1790', *Journal of Modern History*, 46 (1974): 609–40.
17. See H.M. Scott, *British Foreign Policy in the Age of the American Revolution* (Oxford, 1990), pp. 171–7. See also G.M. Ditchfield, *George III: An Essay in Monarchy* (London, 2002), pp. 26–7; Stella Tillyard, *A Royal Affair: George III and His Troublesome Siblings* (London, 2006), chs 3–5.
18. See Nicholas Tracy, *Navies, Deterrence, and American Independence: Britain and Seapower in the 1760s and 1770s* (Vancouver, 1988), pp. 105–17; Scott, *British Foreign Policy*, pp. 177–88, for the background to the crisis and its

eventual resolution. See also Michael Roberts, 'Great Britain and the Swedish Revolution, 1772–73', *Historical Journal*, 7 (1964): esp. 40, where doubt is cast on the impact of the British mobilization on French actions.

19. John B. Hattendorf et al. (eds), *British Naval Documents 1204–1960* (Navy Records Society, Aldershot, 1993), pp. 348–50.
20. Staffordshire Record Office, Anson Papers, D 615/P(s)1/1/4A.
21. See, e.g., J.R. Jones, 'Limitations of British Sea Power in the French Wars, 1689–1815', in Jeremy Black and Philip Woodfine (eds), *The British Navy and the Uses of Naval Power in the Eighteenth Century* (Leicester, 1988), pp. 36–7.
22. For Portugal, see TNA: PRO, Egremont Papers, 30/47/21, cabinet minutes of 6 Jan. and 4 Feb. 1762. For supplies for Germany and Portugal, see Buckinghamshire Record Office, Howard-Vyse Papers, D/HV/B/13, 21A and B, D/HV/B/8/22; British Library, Loudoun Papers, Additional MS 44,068, f. 218; TNA: PRO, State Papers Portugal, SP 89/56, f. 209.
23. Conway, *War of American Independence*, pp. 144, 146, 148.
24. Coleman O. Williams, 'The Royal Navy and the Helder Campaign, 1799', *Consortium on Revolutionary Europe*, 16 (1986): 235–47; Jeremy Black, *Britain as a Military Power, 1689–1815* (London, 1999), pp. 196–7.
25. Sir John Ross (ed.), *Memoirs and Correspondence of Admiral Lord de Saumarez*, 2 vols (London, 1838), II, p. 113. See also A.N. Ryan (ed.), *The Saumarez Papers: Selections from the Baltic Correspondence of Vice-Admiral Sir James Saumarez 1808–1812* (Navy Records Society, London, 1968), esp. pp. 25–40.
26. Rodger, *Command of the Ocean*, pp. 561, 563–4.
27. See Richard Saxby, 'The Blockade of Brest in the French Revolutionary War', *Mariner's Mirror*, 78 (1992): 25–35. See also the extensive collections of documents in John Leyland (ed.), *Despatches and Letters Relating to the Blockade of Brest 1803–1805*, 2 vols (Navy Records Society, London, 1899–1902); and Roger Morriss (ed.), *The Channel Fleet and the Blockade of Brest 1793–1801* (Navy Records Society, Aldershot, 2001).
28. Rodger, *Command of the Ocean*, p. 531.
29. Duffy, 'Establishment of the Western Squadron', esp. pp. 77–9. See also Daniel A. Baugh, 'Naval Power: What Gave the British Naval Superiority?', in Leandro Prados de la Escosura (ed.), *Exceptionalism and Industrialisation: Britain and its European Rivals, 1688–1815* (Cambridge, 2004), esp. pp. 249–51.
30. For British involvement with Minorca, see Desmond Gregory, *Minorca, the 1802* (London, 1990).
31. Desmond Gregory, *The Ungovernable Rock: A History of the Anglo-Corsican Kingdom and its Role in British Mediterranean Strategy During the Revolutionary War (1793–1797)* (London, 1995).
32. See, e.g., Patrick Crowhurst, *The French War on Trade: Privateering, 1793–1815* (Aldershot, 1989).
33. See Jacob M. Price, 'The Imperial Economy', in *Oxford History of the British Empire*, II, p. 101 (table 4.4).
34. Stephen Conway, *The British Isles and the War of American Independence* (Oxford, 2000), pp. 58–70.
35. Phyllis Deane and W.A. Cole, *British Economic Growth, 1688–1959* (2nd edn, Cambridge, 1967), table 22.

36. See Sven-Erik Åström, 'Britain's Timber Imports from the Baltic, 1775–1830: Some New Figures and Viewpoints', *Scandinavian Economic History Review*, 37 (1989): 57–71.
37. A.N. Ryan, 'The Defence of British Trade with the Baltic, 1808–1813', *English Historical Review*, 74 (1959): 443–66.
38. Hattendorf et al., *British Naval Documents*, pp. 574–5.
39. Michael Duffy, 'World-Wide War and British Expansion, 1793–1815', in *Oxford History of the British Empire*, II, p. 205. Castlereagh in Nov. 1813 regarded the capture of Antwerp and the destruction of its arsenal as 'essential to our safety'. He explained that 'To leave it in the hands of France is little short of imposing upon Great Britain the charge of a perpetual war establishment', C.K. Webster (ed.), *British Diplomacy 1813–1815: Select Documents Dealing with the Reconstruction of Europe* (London, 1921), p. 112.
40. I hope to pursue this theme in a book-length study, which should appear in the next few years: meanwhile, see Stephen Conway, 'Continental Connections: Britain and Europe in the Eighteenth Century', *History*, 90 (2005): 353–74.
41. See, e.g., H.E.S. Fisher, *The Portugal Trade: A Study of Anglo-Portuguese Commerce 1700–1770* (London, 1971), esp. ch. 5.
42. See, e.g., TNA: PRO, State Papers Portugal, SP 89/56, f. 230, copy of memorial of London merchants trading with Portugal, 23 July 1762.
43. *Annual Register*, 2 (1759): 11.
44. [Israel Mauduit,] *Considerations on the Present German War* (London, 1760), p. 45.
45. Arthur Aspinall (ed.), *The Later Correspondence of George III*, 5 vols (Cambridge, 1962–70), II, p. 46.
46. See Michael Duffy, *Soldiers, Sugar, and Seapower: The British Expeditions to the West Indies and the War against Revolutionary France* (Oxford, 1987), esp. pp. 22–3.
47. This indeed seems to have been the case. See Michael Duffy, 'The Foundations of British Naval Power', in M. Duffy (ed.), *The Military Revolution and the State 1500–1800* (Exeter, 1980), pp. 80, 85n, for comparisons of French army and navy spending in 1760.
48. As Clive Wilkinson has emphasized, consistently high levels of spending on the navy were the key to its success. Ships needed to be repaired and replaced, and so creating a sizeable navy was one thing; maintaining its strength quite another. See his *The British Navy and the State in the Eighteenth Century* (Woodbridge, 2004).
49. The debate was mainly conducted amongst economic historians in the 1960s and early 1970s: but for a recent contribution, see Larry Sawers, 'The Navigation Acts Revisited', *Economic History Review*, 45 (1992): 262–84.
50. Baugh, 'Maritime Strength and Atlantic Commerce'.
51. R.C. Simmons and P.D.G. Thomas (eds), *Proceedings and Debates of the British Parliaments Respecting North America, 1754–1783*, 6 vols to date (Millward, NY, 1982–), II, p. 282.
52. Ibid., IV, p. 209.
53. William Cobbett and J. Wright (eds), *The Parliamentary History of England*, 36 vols (London, 1806–20), XXIII, col. 604 (7 Mar. 1783).
54. Josiah Tucker had recommended this at the beginning of the war: *A Series*

of Answers to Certain Popular Objections, against Separating from the Rebellious Colonies, and Discarding them Entirely (Gloucester, 1776), pp. 46–7.
55. William Knox, *Extra-Official State Papers*, 2 vols (London, 1789), II, p. 53.
56. William J. Ashworth, *Customs and Excise: Trade, Production, and Consumption in England, 1640–1845* (Oxford, 2003), p. 374.
57. See Sarah Palmer, *Politics, Shipping and the Repeal of the Navigation Laws* (Manchester, 1990), esp. pp. 42–3.
58. See *Hansard's Parliamentary Debates*, new series, 15 (1826): col. 1146.
59. Ibid., 102 (1849): col. 725. Ricardo had already tried to establish that the navy did not rely on the merchant marine for its manpower: see his *Anatomy of the Navigation Laws* (London, 1847), esp. pp. 105–12.
60. Adam Smith, *An Inquiry into the Nature and Causes of the Wealth of Nations*, ed. R.H. Campbell, A.S. Skinner and W.B. Todd, 2 vols (Oxford, 1976), I, p. 436.

第三篇

1. *Imperial Meridian: The British Empire and the World 1780–1830* (Harlow, 1998).
2. *Britons: Forging the Nation 1707–1837* (New Haven and London, 1992).
3. Notably in her collection *The Island Race: Englishness, Empire and Gender in the Eighteenth Century* (London and New York, 2003).
4. D.O. Madden (ed.), *Select Speeches of Henry Grattan* (Dublin, 1845), p. 86.
5. Cited in D.R. Armitage, 'The Cromwellian Protectorate and the Language of Empire', *Historical Journal*, 35 (1992): 534.
6. H.V. Bowen, 'British Concepts of Global Empire, 1756–83', *Journal of Imperial and Commonwealth History*, 26 (1998): 3, 1–27.
7. *Political Essays Concerning the Present State of the British Empire* (London, 1772), p. 1.
8. A. Lee to F. Lee, 5 Sept. 1774, Harvard University, Houghton Library, bMS Am. 811. 1 (25).
9. Colin Kidd, 'Ethnicity in the British Atlantic World, 1688–1830', in K. Wilson (ed.), *A New Imperial History: Culture, Identity and Modernity in Britain and the Empire, 1660–1840* (Cambridge, 2004), p. 276.
10. Alexander Murdoch, *British History 1660–1832: National Identity and Local Culture* (Houndmills, 1998), ch. 6.
11. J.C.D. Clark, *The Language of Liberty 1660–1832: Political Discourse and Social Dynamics in the Anglo-American World* (Cambridge, 1994), pp. 46–62; Colin Kidd, *British Identities before Nationalism: Ethnicity and Nationhood in the Atlantic World 1600–1800* (Cambridge, 1999).
12. *Citizens of the World: London Merchants and the Integration of the British Atlantic Community, 1735–1785* (Cambridge, 1995), p. 21.
13. *Elites, Enterprise and the Making of the British Overseas Empire, 1688–1775* (Houndmills, 1996), p. 170.
14. Ian K. Steele, *The English Atlantic. 1675–1740. An Exploration in Communication and Community* (New York, 1986), p. 277.

15. *The Sense of the People: Politics, Culture and Imperialism in England, 1715–1785* (Cambridge, 1995), pp. 40–1.
16. Bob Harris, *Politics and the Nation: Britain in the Mid-Eighteenth Century* (Oxford, 2002), pp. 106–9.
17. 'Letter to the Sheriffs of Bristol', in W.M. Elofson and J.A. Woods (eds), *The Writings and Speeches of Edmund Burke*, III, *Party, Parliament and the American War 1774–1780* (Oxford, 1996), p. 309.
18. *Britons*, p. 5.
19. This is the theme of Steele, *English Atlantic*.
20. 'Speech on Conciliation with America', in Elofson and Woods, *Writings and Speeches of Burke*, III, pp. 117–18.
21. 'Sea-power and Empire, 1688–1793', in P.J. Marshall (ed.), *The Oxford History of the British Empire*, II, *The Eighteenth Century* (Oxford, 1998), pp. 170–1.
22. *The Ideological Origins of the British Empire* (Cambridge, 2000), p. 173.
23. Cited in D. Armitage, 'The British Conception of Empire in the Eighteenth Century', in *Greater Britain, 1516–1776: Essays in Atlantic History* (Aldershot, 2004), XII, p. 94.
24. *A Treatise wherein is demonstrated that the East India Trade is the Most National of Foreign Trades* (London, 1681), p. 28. I owe this reference to Dr Philip Stern.
25. *A Political Survey of Britain*, 2 vols (London, 1774), I, p. iv.
26. Cited in D.S. Shields, *Oracles of Empire: Poetry, Politics and Commerce in British America 1690–1750* (Chicago and London, 1990), p. 23.
27. Cited in P. Woodfine, *Britannia's Glories: The Walpole Ministry and the 1739 War with Spain* (Woodbridge, 1998), p. 235.
28. To D. De Berdt, 8 Sept. 1766, 'Lee Family Papers', microfilm.
29. Peter Onuf, *Jefferson's Empire: The Language of American Nationhood* (Charlottesville, 2000).
30. 'Candidus' [S. Adams], *Boston Gazette*, 27 Jan. 1772, H.A. Cushing (ed.), *The Writings of Samuel Adams*, 4 vols (New York, 1904–06), II, pp. 323–4.
31. To R. Livingston, 14 Feb. 1782, C.F. Adams (ed.), *The Works of John Adams* (Boston, 1852), VII, p. 511.
32. *The Command of the Ocean: A Naval History of Britain, 1649–1815* (London, 2004), p. 178.
33. *Religion versus Empire? British Protestant Missionaries and Overseas Expansion, 1700–1914* (Manchester, 2004).
34. Cited in M. Duffy, *Soldiers, Sugar and Seapower: The British Expeditions to the West Indies and the War against Revolutionary France* (Oxford, 1987), p. 371.
35. R.C. Simmons and P.D.G. Thomas (eds), *Proceedings and Debates of the British Parliament respecting North America, 1754–1783* (Millwood, NY, 1982–86), VI, p. 435.
36. E.g. 'Public' in *Morning Chronicle*, 8 July 1782.
37. (Melbourne, 2003), pp. 12–13.
38. Cited in E.P. Thompson, *The Making of the English Working Class* (Harmondsworth, 1968), p. 86.
39. *Morning Chronicle*, 11, 13 June 1794.
40. Cited in G. Jordan and R. Rogers, 'Admirals as Heroes: Patriotism and Liberty in Hanoverian England', *Journal of British Studies*, 28 (1989): 214.

41. 9 March 1764, Simmons and Thomas (eds), *Proceedings and Debates*, I, p. 481.
42. *Journals of the House of Commons*, 29: 698–9.
43. North to G. Carleton, 4 Dec.1783, T[he] N[ational] A[rchives], CO 5/111, f. 93.
44. G. Carleton's memo to North, 11 July 1783, TNA, CO 5/110, ff. 116–17.
45. 15 March 1782, *Parliamentary Register, or History of the Proceedings and Debates in the House of Commons*, ed. J. Debrett, 45 vols (London, 1780–96), VI, p. 467.
46. H. Royle and others to Franklin [23 Nov. 1781], L.W. Labaree et al. (eds), *Papers of Benjamin Franklin* (New Haven, 1959–), XXXVI, p. 107.
47. Address of Loyalists to King, Parliament and People of Britain, nd, TNA, CO 5/82, ff. 235, 236.
48. *Rough Crossings: Britain, the Slaves and the American Revolution* (London, 2005), pp. 12–13.
49. 'Precis Relative to Negroes in N: America', TNA, CO 5/8, ff. 112–13, cited in Schama, *Rough Crossings*. Neither the date nor the provenance of this document is clear. It seems likely, however, that it was the work of Carleton's secretary, Maurice Morgann; cf. his memo in William L. Clements Library, Shelburne MSS, 87: 389.
50. S.J. Braidwood, *Black Poor and White Philanthropists: London's Blacks and the Foundation of Sierra Leone* (Liverpool, 1994), p. 89.
51. *Journals of the House of Commons*, 43: 212.
52. *General Remarks upon the System of Government in India* (London, 1773), p. 12.
53. Lord Castlereagh, 22 March 1813, *Parliamentary Debates from the Year 1803 to the Present Time*, 25: 229.
54. *Wealth of Nations*, bk V, ch. I a, pp. 39, 41.
55. T. Miller to North, 14 April 1783, TNA, WO 1/684, f. 144.
56. P.J. Marshall, *The Making and Unmaking of Empires: Britain, India, and America c.1750–1783* (Oxford, 2005), p. 203.
57. *Cobbett's Weekly Political Register*, 23 (1813): 136, 172.

第四篇

1. For the full edict see J.L. Cranmer-Byng, *An Embassy to China. Being the journal kept by Lord Macartney during his embassy to the Emperor Ch'ien-Lung 1793–1794* (London, 1962), pp. 347–41. For a recent statement of the Western historical perspective on the Embassy's failure see David Landes, *The Wealth and Poverty of Nations* (London, 1998), pp. 335–49. Also see my 'Britain, Industry and Perceptions of China: Matthew Boulton, 'useful knowledge' and the Macartney embassy to China 1792–94', *Journal of Global History*, 1 (2006): 269–88.
2. Anthony Reid, 'The System of Trade and Shipping in Maritime South and Southeast Asia, and the Affects of the Development of the Cape Route in Europe', in Hans Pohl (ed.), *The European Discovery of the World and its Economic Effects on Preindustrial Societies 1500–1800* (Stuttgardt, 1990), pp. 73–96, esp.

80–1.

3. Timothy Brook, *The Confusions of Pleasure: Commerce and Culture in Ming China* (Berkeley, 1998), pp. 219–21.
4. Craig Clunas, *Superfluous Things: Material Culture and Social Status in Early Modern China* (1991) (paperback edn Honolulu, 2004), pp. 141–65.
5. This argument is set out in my article, 'In Pursuit of Luxury: Global History and British Consumer Goods in the Eighteenth Century', *Past and Present*, 182 (2004): 85–142.
6. A. Dasgupta, 'Indian Merchants and the Trade in the Indian Ocean', in T. Raychaudhuri and I. Habib (eds), *The Cambridge Economic History of India* (Cambridge, 1982), pp. 407–33, esp. 428–33. K.N. Chaudhuri, *Asia before Europe: Economy and Civilization of the Indian Ocean from the Rise of Islam to 1750* (Cambridge, 1990), pp. 302–3.
7. K.N. Chaudhuri, *The Trading World of Asia and the English East India Company 1660–1760* (Cambridge, 1978), pp. 291, 296, appendix 5, table C2.
8. For a succinct account see Patricia Buckley Ebrey, *The Cambridge Illustrated History of China* (Cambridge, 1996), pp. 217–19. For greater detail see Rosemary E. Scott, *The Porcelains of Jingdizhen: Colloquies on Art and Archaeology in Asia*, no. 16 (London, 1992).
9. Cited in Oliver Impey, *Chinoiserie: The Impact of Oriental Styles on Western art and Decoration* (Oxford, 1977), pp. 20–6.
10. K.N. Chaudhuri, *Trade and Civilization in the Indian Ocean* (Cambridge, 1985), pp. 200–2.
11. G.A. Godden, *Oriental Export Market Porcelain and its Influence on European Wares* (London, 1979), pp. 113, 123.
12. Ann Carlos, 'Joint Stock Trading Companies', *Oxford Encyclopaedia of Economic History* (Oxford, 2003), III, pp. 207–11. Jan de Vries and Ad van der Woude, *The First Modern Economy, 1500–1815* (Cambridge, 1997), pp. 429–63. P.J. Marshall, 'The British in Asia: Trade to Dominion, 1700–1765', *Oxford History of the British Empire*, III. P.J. Marshall (ed.), *The Eighteenth Century* (Oxford, 1998), pp. 487–507.
13. Michael Morineau, 'Eastern and Western Merchants from the Sixteenth to the Eighteenth Centuries', in Conrad Gill (ed.), *Merchants and Mariners in the Eighteenth Century* (London, 1961).
14. Malachy Postlethwayt, *The Universal Dictionary of Trade and Commerce. Translated from the French of Monsieur Savary ...with large additions and improvements*, 2 vols (2nd edn, London, 1757), I.
15. P.J. Marshall, 'The English in Asia to 1700', in *Oxford History of the British Empire*, I. Nicholas Canney (ed.), *The Origins of Empire* (Oxford, 1988), pp. 264–85, esp. 269–76.
16. Marshall, 'British Trade in Asia: Trade to Dominion', pp. 487–507.
17. Robert Finlay, 'The Pilgrim Art: The Culture of Porcelain in World History', *Journal of World History*, 9 (1998): 141–89, p. 168.
18. Chaudhuri, *The Trading World of Asia and the East India Company*, pp. 406–9, 519–20.
19. Lorna Scammell, 'Ceramics', *Oxford Encyclopedia of Economic History*, vol. I (Oxford, 2003), pp. 379–83.
20. Chaudhuri, *The Trading World of Asia and the East India Company*, p. 287; C.J.A. Jorg, *Porcelain and the Dutch China Trade* (The Hague, 1982), pp. 102–8;

Godden, *Oriental Export Market Porcelain*, pp. 59, 78, 95–104.
21. Huw Bowen, *The Business of Empire: The East India Company and Imperial Britain, 1765–1833* (Cambridge, 2006), pp. 241–3.
22. Toby Barnard, *Making the Grand Figure: Lives and Possessions in Ireland, 1640–1770* (New Haven and London, 2004), pp. 125–33.
23. TNA Chancery Masters Exhibits, C C112.24 Torriano.
24. Lorna Weatherill, *The Growth of the Pottery Industry in England 1660–1815* (London, 1986).
25. Rose Kerr and Nigel Wood, *Science and Civilization in China*, vol. V, *Chemistry and Technology*, part XII, 'Ceramic Technology' (Cambridge, 2004), pp. 188–90.
26. S.J. Vainker, *Chinese Pottery and Porcelain: From Prehistory to the Present* (London, 1991), pp. 150–1; Colin D. Sheaf, 'Chinese Ceramics and Japanese Tea Taste in the Late Ming Period', in Scott, *Porcelains of Jingdezhen*, pp. 165–82, pp. 166–9.
27. Shelagh Vainker, 'Luxuries or Not? Consumption of Silk and Porcelain in Eighteenth-century China', in Maxine Berg and Elizabeth Eger (eds), *Luxury in the Eighteenth Century: Debates, Desires and Delectable Goods* (London, 2003), pp. 207–18; C.J.A. Jorg, 'Chinese porcelain for the Dutch', in R.E. Scott (ed.), *The Porcelains of Jingdezhen*, Colloquies on Art and Archaeology in Asia No. 16 (London, 1992), p. 189; Margaret Medley, *The Chinese Potter* (3rd edn, London, 1989), pp. 229–32.
28. Kerr and Wood, 'Ceramic Technology', p. 201.

第五篇

1. J. McDermott (ed.), *The Third Voyage of Martin Frobisher to Baffin Island* (London, 2001), p. 217.
2. M. Weber, 'The Social Psychology of the World Religions', in H.H. Gerth and C. Wright Mills (eds), *From Max Weber* (New York, 1947), p. 280.
3. On the ocean currents of the Caribbean, see C.A. Andrade and E.D. Barton, 'Eddy Development and Motion in the Caribbean Sea', *Journal of Geophysical Research*, 105 (2000): 26191–202; A.L. Gordon, 'Circulation of the Caribbean Sea', *Journal of Geophysical Research*, 72 (1967): 6207–23.
4. W.E. Boisvert, *Major Currents in the North and South Atlantic Oceans between 64°N and 60°S* (Washington, DC, 1967).
5. W.E. Johns, T.L. Townsend, D.M. Frantanoni and W.D. Wilson, 'On the Atlantic Inflow to the Caribbean Sea', *Deep Sea Research Part I*, 49 (2002): 211–43.
6. W.D. Matthew, 'Affinities and Origin of the Antillean Mammals', *Bulletin of the Geological Society of America*, 29 (1918): 657–66.
7. See S.B. Hedges, 'Historical Biogeography of West Indian Vertebrates', *Annual Review of Ecology and Systematics*, 27 (1996): 163–96; S.B. Hedges, C.A. Hass and L.R. Maxson, 'Caribbean Biogeography: Molecular Evidence for Dispersal in West Indian Terrestrial Vertebrates', *Proceedings of the National Academy of Sciences*, 89 (1992): 1909–13; I. Horovitz and R.D.E. MacPhee, 'The Quaternary Cuban Platyrrhine *Paralouatta varonai* and the Origin of Antillean Monkeys',

Journal of Human Evolution, 36 (1999): 33–68; J.L. White and R.D.E. MacPhee, 'The Sloths of the West Indies: A Systematic and Phylogenetic Review', in C.A. Woods and F. Sergile, *Biogeography of the West Indies* (Boca Raton, 1989).
8. J.B. Pramuk, C.A. Hass and S.B. Hedges, 'Molecular Phylogeny and Biogeography of West Indian Toads', *Molecular Phylogenetics and Evolution*, 20 (2001): 294–301.
9. T. Barbour, 'A Contribution to the Zoogeography of the West Indies', *Bulletin of the Museum of Comparative Zoology*, 44 (1914): 209–359; E.J. Censky, K. Hodge and J. Dudley, 'Over-water Dispersal of Lizards Due to Hurricanes', *Nature*, 395 (1998): 556; K.V.D. Hodge, E.J. Censky and R. Powell, *The Reptiles and Amphibians of Anguilla, British West Indies* (Anguilla, 2003).
10. R.D.E. MacPhee, R. Singer and M. Diamond, 'Late Cenozoic Land Mammals from Grenada Lesser Antilles Island-Arc', *American Museum Novitates*, 3302 (2000): 13–20.
11. Carlos Trejo-Torres and James D. Ackerman, 'Biogeography of the Antilles Based on a Parsimony Analysis of Orchid Distributions', *Journal of Biogeography*, 28 (2001): 775–94.
12. Michael T. Bravo, 'Ethnographic Navigation and the Geographical Gift', in D.N. Livingstone and C.W.J. Withers (eds), *Geography and Enlightenment* (Chicago, 1999), pp. 199–235.
13. S.J. Schaffer, 'Collection, curiosity and Newton's *Principia*', unpublished paper, presented at Museum of the History of Science, Oxford, 29 April 1998.
14. Nicholas Dew, *Timekeeping and Trust in the Seventeenth-century French Atlantic* (forthcoming).
15. U. Hilleman, *Asian Empire and British Knowledge: China and the Networks of British Imperial Expansion* (Cambridge, forthcoming 2008).
16. Bruno Latour, *Reassembling the Social: An Introduction to Actor-Network Theory* (Oxford, 2005), pp. 27–42.
17. E. Hutchins, *Cognition in the Wild* (Cambridge MA, 1995).
18. Richard White, *The Middle Ground: Indians, Empires and Republics in the Great Lakes Region, 1610–1815* (Cambridge, 1991).

第六篇

1. Turner is quoted in Jack Lindsay (ed.), *Autobiography of Joseph Priestley* (Bath, 1970), p. 61, n.9.
2. Thomas Brisbane, 'Sacred Thoughts', State Library of New South Wales, MS 419/2/1.
3. Frederick Beechey, 'Hydrography' and Charles Darwin, 'Geology', in John Herschel (ed.), *A Manual of Scientific Enquiry: prepared for the Use of Her Majesty's Navy and adapted for Travellers in General* (London, 1849), pp. 54–96 and 156–95. For Beechey, consult G.S. Ritchie, *The Admiralty Chart: British Naval Hydrography in the Nineteenth Century* (London, 1967), ch. 5.
4. John Herschel, *Essays from the Edinburgh and Quarterly Reviews* (London, 1857), p. 640. Compare the founding statement of the Philosophical Society of Australasia (June 1821): 'our ignorance arises in a great measure from the want of some nucleus which might gather around it the many valuable facts

that are floating about' (*Royal Society of New South Wales, Journal*, 55 (1921): lxvii–iii).

5. Herschel, *Essays*, pp. 498–9. For Herschel's imperial ambitions and his work at the Cape, see Elizabeth Green Musselman, 'Swords into Ploughshares: John Herschel's Progressive View of Astronomical and Imperial Governance', *British Journal for the History of Science*, 31 (1998): 419–35; William J. Ashworth, 'John Herschel, George Airy and the Roaming Eye of the State', *History of Science*, 36 (1998): 151–78; Steven Ruskin, *John Herschel's Cape Voyage: Private Science, Public Imagination and the Ambitions of Empire* (Woodbridge, 2004), ch. 2.
6. For survey colonialism elsewhere see Bernard Cohn, *Colonialism and its Forms of Knowledge* (Princeton, 1996), pp. 3–11; Richard Drayton, *Nature's Government* (New Haven, 2000), pp. 90–1. For surveys and physical sciences see David Philip Miller, 'The Revival of the Physical Sciences in Britain 1815–1840', *Osiris*, 2 (1986): 107–34.
7. L.F. Fitzhardinge (ed.), *Sydney's First Four Years: A Reprint of 'A Narrative of the Expedition to Botany Bay' and 'A Complete Account of the Settlement at Port Jackson' by Captain Watkin Tench* (Sydney, 1979), p. 225. Compare Inga Clendinnen, *Dancing with Strangers: The True History of the Meeting of the British First Fleet and the Aboriginal Australians, 1788* (Edinburgh, 2005), pp. 200–8.
8. Fitzhardinge, *Sydney's First Four Years*, pp. 226–7.
9. Ibid., p. 224n. For Dawes' astronomical work see Philip S. Laurie, 'William Dawes and Australia's First Observatory', *Quarterly Journal of the Royal Astronomical Society*, 29 (1988): 469–82.
10. A. Currer-Jones, *William Dawes RM* (Torquay, 1930), pp. 25–71; Jane Rogers, *Promised Lands* (London, 1996); Simon Schama, *Rough Crossings: Britain, the Slaves and the American Revolution* (London, 2005), pp. 412, 448.
11. John Hunter, *An Historical Journal of the Transactions at Port Jackson and Norfolk Island* (London, 1793), p. 292; Dagelet to Dawes, 3 March 1788, State Library of New South Wales MS Add 49 / 6–7.
12. Laurie, 'William Dawes', p. 479.
13. Graeme Davison, *The Unforgiving Minute: How Australia Learned to tell the Time* (Melbourne, 1993), p. 16.
14. Glyndwr Williams, 'Seamen and Philosophers in the South Seas in the Age of Captain Cook', *Mariner's Mirror*, 65 (1979): 3–22; Kapil Raj, '18th-century Pacific Voyages of Discovery, "Big Science", and the Shaping of a European Scientific and Technological Culture', *History and Technology*, 17 (2000): 79–98; Rob Iliffe, 'Science and the Voyages of Discovery', in Roy Porter (ed.), *Cambridge History of Science*, vol. IV, *Eighteenth-century Science* (Cambridge, 2003), pp. 618–48.
15. Richard Sorrenson, 'The Ship as a Scientific Instrument in the Eighteenth Century', *Osiris*, 11 (1996): 221–36; David Turnbull, 'Cook and Tupaia: A Tale of Cartographic Méconnaissance', in Margarette Lincoln (ed.), *Science and Exploration in the Pacific* (Woodbridge, 1998), pp. 117–31.
16. Jim Bennett, 'The Travels and Trials of Mr Harrison's Timekeeper', in Marie-Noelle Bourguet, Christian Licoppe and H. Otto Sibum (eds), *Instruments, Travel and Science: Itineraries of Precision from the Seventeenth to the Twentieth Century* (London, 2002), pp. 75–95.
17. Peter Dillon, *Narrative and Successful Results of a Voyage in the South Seas*

performed by order of the Government of British India to ascertain the actual fate of La Pérouse's Expedition, 2 vols (London, 1829), I, pp. 39–40, 267; J.W. Davidson, *Peter Dillon of Vanikoro* (Melbourne, 1975), pp. 176–8, 213. For Dillon's unreliability see Gananath Obeyesekere, 'Narratives of the Self: Chevalier Peter Dillon's Fijian Cannibal Adventures', in Barbara Creed and Jeanette Hoorn (eds), *Body Trade: Captivity, Cannibalism and Colonialism in the Pacific* (New York, 2001), pp. 69–111.

18. Harold Spencer, 'The Brisbane Portraits', *Journal of the Royal Australian Historical Society*, 52 (1966): 1–8; Tim Bonyhady, *The Colonial Image* (Sydney, 1987), pp. 16–19.
19. For Parramatta Observatory, see the definitive study by Shirley Saunders, 'Sir Thomas Brisbane's Legacy to Colonial Science: Colonial Astronomy at the Parramatta Observatory, 1822–1848', *Historical Records of Australian Science*, 15 (2004): 177–209.
20. Brisbane to Colonial Office, 23 May 1825, *Historical Records of Australia*, 11 (1917): 606–14; Thomas Brisbane, *Reminiscences* (Edinburgh, 1860), pp. 89–93.
21. Keith Smith, *King Bungaree* (Kenthurst, 1992), pp. 118, 121.
22. Ibid., pp. 11–12, 137, 157–8; Richard Sadleir, *The Aborigines of Australia* (Sydney, 1883), pp. 56–61; J.J. Healy, *Literature and the Aborigines in Australia 1770–1975* (Brisbane, 1988), pp. 9–10.
23. Raymond Haynes, Roslynn Haynes, David Malin and Richard McGee, *Explorers of the Southern Sky: A History of Australian Astronomy* (Cambridge, 1996), pp. 21–36; Bernard Smith, *Imagining the Pacific: In the wake of the Cook Voyages* (New Haven, 1992), pp. 135–72; Greg Dening, *Performances* (Melbourne, 1996), pp. 215–21.
24. William J. Ashworth, 'The Calculating Eye: Baily, Herschel, Babbage and the Business of Astronomy', *British Journal for the History of Science*, 27 (1994): 409–41; Kapil Raj, *Relocating Modern Science: Circulation and the Construction of Knowledge in South Asia and Europe, 1650–1900* (Basingstoke: Palgrave Macmillan, 2007), ch. 2.
25. Michael Dettelbach, 'Global Physics and Aesthetic Empire: Humboldt's Physical Portrait of the Tropics', in David Philip Miller and Peter Reill (eds), *Visions of Empire* (Cambridge, 1996), pp. 258–92.
26. Brisbane to Barnard, 24 Feb. 1823, Northern Ireland PRO MS D207/67/58; Herschel, *Essays*, pp. 489–503.
27. George Bergman, 'Christian Carl Ludwig Rümker, Australia's First Government Astronomer', *Royal Australian Historical Society Journal*, 46 (1960): 247–89, on pp. 265–77; John Service, *Thir notandums* (Edinburgh, 1890), p. 214; H.C. Russell, 'Astronomical and Meteorological Workers in New South Wales 1778–1860', *Australasian Association for the Advancement of Science, Reports*, 1 (1888): 45–94, appendices G–L; Haynes et al., *Explorers of the Southern Sky*, pp. 44–7.
28. Wiltshire Record Office, Maskelyne MSS 1390/2, MB.2D/31 (19 May 1787); Derek Howse, *Nevil Maskelyne* (Cambridge, 1989), pp. 65–71 and 154–5.
29. William Pearson, *An Introduction to Practical Astronomy*, 2 vols (London, 1829), II, p. 372.

30. George Vancouver, *A Voyage of Discovery to the North Pacific Ocean and Round the World 1791–1795*, ed. W. Kaye Lamb (London, 1984), I, p. 311.
31. J.A. Bennett, 'Catadioptrics and Commerce in Eighteenth-century London', *History of Science*, 44 (2006): 247–78, on pp. 259–74.
32. Alexander Dalrymple, *Essays on Nautical Surveying* (London, 1786), cited in Andrew David, 'Vancouver's Survey Methods and Surveys', in Robin Fisher and Hugh Johnston (eds), *From Maps to Metaphors: The Pacific World of George Vancouver* (Vancouver, 1993), pp. 51–69, on p. 59. Compare Alun C. Davies, 'Testing a New Technology: Vancouver's Survey and Navigation in Alaskan Waters, 1794', in Stephen Haycox, James Barnett and Caedmon Liburd (eds), *Enlightenment and Exploration in the North Pacific 1741–1805* (Seattle, 1997), pp. 103–15.
33. John Bird, *The Method of Dividing Astronomical Instruments* (London, 1767), p. 5; Edward Troughton, 'An Account of a Method of Dividing Astronomical and Other Instruments', *Philosophical Transactions*, 99 (1809): 105–45, at 113. See John Brooks, 'The Circular Dividing Engine: Development in England', *Annals of Science*, 49 (1992): 101–35, at 107–9.
34. John Smeaton, 'Observations on the Graduation of Astronomical Instruments', *Philosophical transactions*, 76 (1786): 1–47, at 17.
35. Allan Chapman, 'Scientific Instruments and Industrial Innovation: The Achievement of Jesse Ramsden', in R.G.W. Anderson, J.A. Bennett and W.F. Ryan (eds), *Making Instruments Count* (Aldershot, 1993), pp. 418–30, on p. 420 n.5; Brooks, 'Circular Dividing Engine', pp. 122–3; Smeaton, 'Observations', p. 24.
36. Troughton, 'An Account of a Method', p. 142.
37. Gooch to Maskelyne, 17 Nov. 1791, Cambridge University Library Mss Add Mm.6.48, f. 196r. The workman has not been identified. For *Pitt*'s catastrophic voyage, see Charles Bateson, *The Convict Ships 1787–1868* (2nd edn, Glasgow, 1985), pp. 139–40. For Cook's sextants, see *The Journals of Captain Cook on his Voyages of Discovery*, vol. III, *The Voyage of the Resolution and Discovery, 1776–1779*, ed. J.C. Beaglehole (Cambridge, 1967), pp. 1499–500.
38. Laurie, 'William Dawes', p. 471. For the purchase of Dawes' sextant from Ramsden see Cambridge University Library MSS RGO 14/6, p. 105 (Minutes of the Board of Longitude, 3 Feb. 1787); the remarks about future changes in sextant design are in Dawes to Maskelyne, 8 Feb. 1787, Cambridge University Library MSS RGO 14 / 48, ff. 251–2 and for the subsequent very difficult negotiations, see Dawes to Maskelyne, 1 and 8 May 1787, ibid., ff. 257–60.
39. Greg Dening, *Islands and Beaches: Discourse on a Silent Land: Marquesas 1774–1880* (Honolulu, 1980), p. 18.
40. *The Journals of Captain James Cook on his Voyages of Discovery*, vol. I, *The Voyage of the Endeavour 1768–1771*, ed. J.C. Beaglehole (Cambridge, 1955), pp. 89, 97–8, 527–8; *The Endeavour Journal of Joseph Banks*, ed. J.C. Beaglehole (Sydney, 1963), pp. 268–9. See also G.M. Badger, 'Cook the Scientist', in G.M.Badger (ed.), *Captain Cook: Navigator and Scientist* (London, 1970), pp. 30–49, on p. 38; and Anne Salmond, *The Trial of the Cannibal Dog: Captain Cook and the South Seas* (London, 2004), pp. 72–3.
41. Cook to Maskelyne, 9 May 1771, Royal Society MSS Council Minutes, vol. VI, pp. 107–9; Charles Green and James Cook, 'Observations Made by

Appointment of the Royal Society at King George's Island in the South Sea', *Philosophical Transactions*, 61 (1776): 406; *Journals of Captain James Cook on his Voyages of Discovery*, vol. II, *The Voyage of the Resolution and Adventure, 1772–1775*, ed. J.C. Beaglehole (Cambridge, 1961), p. 238. For the fight with Maskelyne, see Turnbull, 'Cook and Tupaia', pp. 123–4. Thanks to Nicky Reeves for these references.

42. *Journals of Captain James Cook*, vol. III, pp. 236–7.
43. M.K.V. Bappu, 'The Kodaikanal Observatory: An Historical Account', *Journal of Astrophysics and Astronomy*, 21 (2000): 103–6, at 103.
44. Davy to Brisbane, 3 May 1821, ML MSS 419/1/29–31.
45. See Saunders, 'Brisbane's Legacy to Colonial Science'.
46. J. Brook and J.L. Kohen, *The Parramatta Native Institution and the Black Town* (Kensington, 1991), p. 180.
47. Brisbane, [Lecture at Glasgow Astronomical Institution, 16 Dec. 1836], State Library of New South Wales MSS 1191/1, 521–47; Jean Woolmington (ed.), *Aborigines in Colonial Society 1788–1850* (Melbourne, 1973), p. 86; Brisbane, 'Sacred Thoughts', State Library of New South Wales MSS 419/2, 1 (September 1823).
48. David S. Evans et al. (eds), *Herschel at the Cape* (Austin, 1969), pp. 67, 333; Herschel to Gipps, 26 Dec. 1837, Royal Society Library MSS HS 19.72.
49. Herschel, *Essays*, pp. 63–141 (June 1840); Robert Scott, 'The History of the Kew Observatory', *Proceedings of the Royal Society of London*, 39 (1886): 37–86, at 47–52; Brisbane, *Reminiscences*, pp. 68–70. See Ashworth, 'Herschel, Airy and the Roaming Eye', p. 171; and Graeme Gooday, 'Precision Measurement and the Genesis of Teaching Laboratories in Victorian Britain', *British Journal for the History of Science*, 23 (1990): 25–51.
50. For the disciplinary and political aftermath of the Admiralty *Manual* in geographical fieldwork, see Felix Driver, 'Scientific Exploration and the Construction of Geographical Knowledge', *Finisterra*, 65 (1998): 21–30, at 25–6.

第七篇

1. David Macpherson, *Annals of Commerce Manufactures, Fisheries and Navigation … Containing the Commercial Transactions of the British Empire … from the Earliest Accounts to the Meeting of the Union Parliament in January 1801…* 4 vols (London, 1805), III, p. 374.
2. *The Times*, 2 September 1815 (also *Bristol Gazette*, 7 September 1815, and *Annual Register*, 1815, p. 64); Rachel Boser, 'The Creation of a Legend', *History Today* (October 2002): 37.
3. W. Jeffrey Bolster, *Black Jacks: African American Seamen in the Age of Sail* (Cambridge, Mass., 1997), plate entitled 'Portrait of a black sailor during the revolutionary war, anonymous', following p. 112; Charles R. Foy, 'Seeking Freedom in the Atlantic World, 1713–1783', *Early American Studies* (Spring 2006): 76; Erik Baard, 'A Painting's Secret', *New Yorker*, 82, no. 13 (15 May 2006), p. 35.
4. Paul Gilroy, *The Black Atlantic: Modernity and Double Consciousness* (Cambridge,

Mass., 1993), pp. 12, 16; David Eltis and David Richardson, 'A New Assessment of the Transatlantic Slave Trade', in Eltis and Richardson (eds), *Extending the Frontiers: Essays on the New Transatlantic Slave Trade Database* (New Haven, forthcoming). Since I am focusing on black people who experienced slavery in the British empire – essentially sub-Saharan Africans and their descendants – I will not include Lascars, East Asian seamen, in this discussion.

5. Bolster, *Black Jacks*, pp. 3, 11.
6. For a good definition of these regions, see David Eltis, 'African and European Relations in the Last Century of the Transatlantic Slave Trade', in Olivier Pétré-Grenouilleau (ed.), *From Slave Trade to Empire: Europe and the Colonisation of Black Africa 1780s–1880s* (London, 2004), pp. 21–46.
7. Robert Smith, 'The Canoe in West African History', *Journal of African History*, 11/4 (1970): 515–33; J.D. Hargreaves, 'The Atlantic Ocean in West African History', in Jeffrey C. Stone (ed.), *Africa and the Sea: Proceedings of a Colloquium at the University of Aberdeen, March 1984* (Aberdeen, 1985), pp. 5–13; Peter C.W. Gutkind, 'Trade and Labor in Early Precolonial African History: The Canoemen of Southern Ghana', in Catherine Coquery-Vidrovitch and Paul E. Lovejoy (eds), *The Workers of African Trade* (Beverly Hills, 1985), pp. 25–49, and 'The Boatmen of Ghana: The Possibilities of a Pre-Colonial African Labor History', in Michael Hanagan and Charles Stephenson (eds), *Confrontation, Class Consciousness and the Labor Process* (New York, 1986), pp. 123–66; Robin Law, 'Between the Sea and the Lagoons: The Interaction of Maritime and Inland Navigation on the Precolonial Slave Coast', *Cahiers D'Etudes Africaines*, 29 (1989): 209–37, 220–4; Per Hernaes, '"Fort Slavery" at Christiansborg on the Gold Coast: Wage Labour in the Making?' in Per Hernaes and Tore Iversen (eds), *Slavery Across Time and Space: Studies in Slavery in Medieval Europe and Africa* (Trondheim, 2002), pp. 197–229. Album of Gabrial Bray, National Maritime Museum, PAJ 2022 (which, because of its location in the album, seems to be of the Gold Coast); Roger Quarm, 'An Album of Drawings by Gabriel Bray RN, HMS Pallas, 1774–1775', *Mariner's Mirror*, 81/1 (Feb. 1995): 32–44. The Gold Coast had many more years of sustained contact with Europeans than did the Bight of Biafra, perhaps accounting in part for the former's more well-developed African maritime skills.
8. Smith, 'The Canoe in West African History', pp. 524, 528; Paul Lovejoy and David Richardson, '"This Horrid Hole": Royal Authority, Commerce, and Credit at Bonny, 1699–1841', *Journal of African History*, 45 (2004): 363–92; Joseph Banfield Autobiography #1867 Huntington Library and David Eltis et al. (eds), *The Trans-Atlantic Slave Trade: A Database on CD-ROM* [hereafter, *TSTD*] (Cambridge, 1999), id. 17688.
9. George E. Brooks, *Eurafricans in Western Africa: Commerce, Social Status, Gender and Religious Observance from the Sixteenth to the Eighteenth Century* (Athens, OH, 2003), pp. 5, 10, 13, 39, 58, 59. The Upper Guinea pattern was established early: see António de Almeida Mendes, 'The Foundations of the System: A Reassessment of the Slave Trade to the Spanish Americas in the Sixteenth and Seventeenth Centuries', in Eltis and Richardson, *Extending the Frontiers* (forthcoming).
10. Ibid., pp. 7, 52, 141, 177, 207, 297; Bruce L. Mouser, 'Isles de Los as Bulking Center in the Slave Trade', *Revue Française d'Histoire d'Outre-Mer*, 83 (1996):

77–90; James F. Searing, *West African Slavery and Atlantic Commerce: The Senegal River Valley, 1700–1860* (Cambridge, 1993), pp. 95, 117, 122. Upper Guinea and the Gold Coast were also noted for skilled swimmers and divers: Kevin Dawson, 'Enslaved Swimmers and Divers in the Atlantic World', *Journal of American History*, 92 (2006): 1327–55; Banfield Autobiography, and *TSTD* id. 17725 (he made ten voyages to Africa, all of which can be traced in *TSTD*).

11. Album of Gabriel Bray, NMM, PAJ 2038; Quarm, 'An Album of Drawings by Gabriel Bray', p. 38 (and personal communication, 13 December 2006); African seaman's testimonial, engraved on an elephant tusk, 1812–13, reads 'Ben Freeman born at Krew Cetra is a sober Honest Man has sailed in HMShip Thais from Sierra Leone to Ambriz to the Satisfaction of the Officers', NMM ZBA 2465; Elizabeth Tonkin, 'Creating Kroomen: Ethnic Diversity, Economic Specialism and Changing Demand', in Stone, *Africa and the Sea*, pp. 27–47; Donald Wood, 'Kru Migration to the West Indies', *Journal of Caribbean Studies*, 26 (1981): 266–82; Diane Frost, *Work and Community among West African Migrant Workers since the Nineteenth Century* (Liverpool, 1999), pp. 7–10; Brooks, *Eurafricans in Western Africa*, pp. 19, 308.
12. Robin Law, *Ouidah: The Social History of a West African Slaving 'Port' 1727–1892* (Athens, OH, 2004), pp. 76–7.
13. David Eltis and Stanley L. Engerman, 'Fluctuations in Sex and Age Ratios in the Transatlantic Slave Trade, 1663–1864', *Economic History Review*, 46 (1993): 308–23; G. Ugo Nwokeji, 'African Conceptions of Gender and the Slave Traffic', *William and Mary Quarterly* [hereafter, *WMQ*], 3d Ser., 58 (2001): 47–67; *TSTD* id. 25481 (the *Phillis* made three other transatlantic voyages).
14. Herbert S. Klein et al., 'Transoceanic Mortality: The Slave Trade in Comparative Perspective', *WMQ*, 3d Ser., 58 (2001): 93–117.
15. David Richardson, 'Shipboard Revolts, African Authority, and the Atlantic Slave Trade', *WMQ*, 3d Ser., 58 (2001): 69–92.
16. Okon Uya, as quoted in Emma Christopher, *Slave Ship Sailors and Their Captive Cargoes, 1730–1807* (New York, 2006), p. 183; David Eltis, *The Rise of African Slavery in the Americas* (Cambridge, 2000), pp. 156–7.
17. Stephen D. Behrendt, 'The British Slave Trade, 1785–1807: Volume, Profitability, and Mortality' (PhD dissertation, University of Wisconsin, 1993), p. 340; *Tarleton* is from BT 98/48, 221, National Archives (information kindly supplied by Behrendt) and *TSTD* id. 83709; *Hibernia* is from Christopher, *Slave Ship Sailors*, pp. 79 and 233, and *TSTD* id. 81832; Behrendt, 'Human Capital in the British Slave Trade', in David Richardson, Suzanne Schwartz and Anthony J. Tibbles (eds), *Liverpool and Transatlantic Slavery* (forthcoming); letters from, and depositions concerning, 'Negro Ben', owned by Samuel Freebody, 1774–1790, vol. XVI, pp. 97–103, Mss 9003, Rhode Island Historical Society (my thanks to James Roberts for photocopying these documents); Ben was probably a member of the crew of the *Happy Return* and *Hawke*, both captained by James Brattle, and both making trips to the Gold Coast, once in 1776 and once in 1777: see *TSTD* id. 25017 and 27302; Account and Trade Book of *Adventure*, Mss 20, Papers of Christopher Champlin, Box 4, Rhode Island Historical Society (thanks again to James Roberts) and *TSTD* id. 36474; Brian S. Kirby, 'The Loss and Recovery of the Schooner *Amity*: An Episode in Salem Maritime History', *New England Quarterly*, 62 (1989): 553–60, and

TSTD id. 25554; Herbert S. Klein, *The Atlantic Slave Trade* (Cambridge, 1999), pp. 85–6.

18. Christopher, *Slave Ship Sailors*, pp. 58, 76 [*TSTD* id. 18152 reports that the *Mermaid* had 6 crew when it reached Grenada, perhaps counting the boys; 19 Africans died during loading, 11 died on the Middle Passage, 129 arrived]; Randy L. Sparks, *The Two Princes of Calabar: An Eighteenth-Century Odyssey* (Cambridge, Mass., 2004), p. 88 [the *Greyhound* is *TSTD* id. 17807; it went to Virginia after landing about 132 Africans from Calabar in South Carolina; it had 19 crew when it reached Charleston]; Eltis, *Rise of African Slavery*, pp. 228–31, 233; Stephanie E. Smallwood, 'The Mysterious Figure of the African 'Guardian': The Problematics of Power in the Atlantic Worlds of the Slave Ship' (unpublished paper). For the continued role of guardians, see E. Arnot Robertson, *The Spanish Town Papers: Some Sidelights on the American War of Independence* (New York, 1959), p. 131.
19. Gregory O'Malley, 'Final Passages: The British Inter-Colonial Slave Trade, 1619–1808' (PhD dissertation, The Johns Hopkins University, 2006).
20. Edward Thompson, *Sailor's Letters written to his Select Friends in England...* 2 vols (London, 1766), II, p. 18.
21. B.W. Higman, *Slave Populations of the British Caribbean, 1807–1834* (Baltimore, 1984), pp. 226–59, esp. 235–6; Elsa V. Goveia, *Slave Society in the British Leeward Islands at the End of the Eighteenth Century* (New Haven, 1965), pp. 141, 226, 228–30; Richard Price, 'Caribbean Fishing and Fishermen: A Historical Sketch', *American Anthropologist*, 68 (1966): 1363–83; David Barry Gaspar, *Bondmen and Rebels: A Study of Master–Slave Relations in Antigua with Implications for Colonial British America* (Baltimore, 1985), pp. 110–14, 287–8 n.54; Pedro L.V. Welch, *Slave Society in the City: Bridgetown, Barbados 1680–1834* (Kingston, 2003), pp. 59, 82–93, 154–65, and his 'Exploring the Marine Plantation: An Historical Investigation of the Barbados Fishing Industry', *Journal of Caribbean History*, 39/1 (2005): 19–37.
22. Higman, *Slave Populations*, pp. 174–6; Philip D. Morgan, *Slave Counterpoint: Black Culture in the Eighteenth-Century Chesapeake and Lowcountry* (Chapel Hill, 1998), pp. 236–44, 310–11, 337–42; David Cecelski, *The Waterman's Song: Slavery and Freedom in Maritime North Carolina* (Chapel Hill, 2001), pp. 4–56, 103–6; Monticello Plantation database: http://plantationdb.monticello,org; diaries of Thomas Thistlewood, 1750–1786, Lincoln Record Office; Douglas Hall, *In Miserable Slavery: Thomas Thistlewood in Jamaica, 1750–86* (London, 1989), pp. 36, 53, 74, 95, 144, 145, 184, passim; O. Nigel Bolland, *The Formation of a Colonial Society: Belize, from Conquest to Crown Colony* (Baltimore, 1977), pp. 53–62, 68–85; Daniel Finamore, '"Pirate Water": Sailing to Belize in the Mahogany Trade', in David Killingray, Margarette Lincoln and Nigel Rigby (eds), *Maritime Empires: British Imperial Maritime Trade in the Nineteenth Century* (Woodbridge, 2004), pp. 30–47; B.W. Higman, *Slave Population and Economy in Jamaica, 1807–1834* (Cambridge, 1976), p. 36; Mark Kurlansky, *Salt: A World History* (New York, 2002), pp. 208–13; for a graphic personal account of salt raking, see Mary Prince, *The History of Mary Prince*, ed. Sara Salih (London, 2000), pp. 19–24.
23. Richard Grant Gilmore III, 'All the documents are destroyed! Documenting Slavery for St Eustatius, Netherlands, Antilles', in Jay B. Haviser and Kevin

C. MacDonald (eds), *African Genesis: Confronting Social Issues in the Diaspora* (London, 2006), pp. 70–89; Roger C. Smith, *The Maritime Heritage of the Cayman Islands* (Gainesville, 2000), pp. 22, 28, 51, 67, 115, 171, 189–96; Michael J. Jarvis, 'Maritime Masters and Seafaring Slaves in Bermuda, 1680–1783', *WMQ*, 3d Ser., 59 (2002): 585–622 (by far the best study of maritime slavery in a special setting, and his *'In the Eye of All Trade': Bermuda, Bermudians, and the Maritime Atlantic World, 1680–1800* [forthcoming] is much awaited); Christopher Iannini, '"The Itinerant Man": Crèvecoeur's Caribbean, Raynal's Revolution, and the Fate of Atlantic Cosmopolitanism', *WMQ*, 3d Ser., 61 (2004): 233; William Douglass, *A Summary, Historical and Political of the First Planting, Progressive Improvements, and Present State of the British Settlements in North America*, 2 vols (London, 1760), I, p. 148; Michael Craton and Gail Saunders, *Islanders in the Stream: A History of the Bahamian People*, vol. I, *From Aboriginal Times to the End of Slavery* (Athens, GA, 1992), pp. 173, 258–59, 283–84, 363, 367, 372–80.

24. Richard Pares, 'The Manning of the Navy in the West Indies, 1702–63' in his *The Historian's Business and Other Essays* (Oxford, 1961), pp. 173–97, esp. 173; Craton and Saunders, *Islanders in the Stream*, pp. 147, 149–50; N.A.M. Rodger, *The Wooden World: An Anatomy of the Georgian Navy* (London, 1986), pp. 159–60; James B. Hedges, *The Browns of Providence Plantations: Colonial Years* (Cambridge, Mass., 1952), pp. 57–8; David J. Starkey, *British Privateering Enterprise in the Eighteenth Century* (Exeter, 1990), p. 262.
25. Andrew Jackson O'Shaughnessy, *An Empire Divided: The American Revolution and the British Caribbean* (Philadelphia, 2000), pp. 53, 175, 179–80; Admiral Davers to Admiralty, 30 May 1745, ADM/B/142, Nat. Archs; Estimate of money, 1 Sept. 1800, DUC/6, Duckworth Papers, NMM; Gabriel Bray, 'A Ship Hoved Down and Burnt Off', BHC 1116, NMM; instructions to Cornwallis, Vice Admiral of Red and C in C of HM ships and vessels employed at Barbados and Leeward Islands, 25 Feb. 1796, COR/6, NMM; John D. Byrn, Jr., *Crime and Punishment in the Royal Navy: Discipline on the Leeward Islands Station, 1784–1812* (Aldershot, 1989), p. 76. The idea that, by the end of this period, 'roughly a quarter of the Royal Navy was black' and 'probably only a little smaller in both the English and American merchant shipping industries', is fanciful: Peter Linebaugh and Marcus Rediker, *The Many-Headed Hydra: Sailors, Slaves, Commoners, and the Hidden History of the Revolutionary Atlantic* (Boston, 2000), p. 311. As yet unpublished samples of many muster rolls, by Charles Foy at Rutgers University for the period 1763–83 and Tom Malcolmson at York University for 1812–15 indicate 1–2 per cent black. Blacks formed a higher percentage – 9 per cent – in the US Navy: Ira Dye, 'Physical and Social Profiles of Early American Seafarers, 1812–1815', in Colin Howell and Richard J. Twomey (eds), *Jack Tar in History: Essays in the History of Maritime Life and Labour* (Fredericton, New Brunswick, 1991), pp. 220–35.
26. Rodger, *Wooden World*, p. 272 and 'Perkins, John [Jack Punch] (c.1745–1812)', *Oxford Dictionary of National Biography* (2004) [www.oxforddnb.com/view/article/50232]. Rodger believes Perkins to have been 'functionally literate', but no letters survive for him. See also O'Shaughnessy, *An Empire Divided*, pp. 180, 243, 314 n.19.

27. Byrn, *Crime and Punishment in the Royal Navy*, p. 144. In ADM 37/2993 and 37/4466. Nat. Archs, muster roll of the *Amaranthe*, Clinker is listed as landman, born in Africa, aged 25. He joined the ship from the dockyard in Antigua on 24 July 1809. Other Africans or Afro-Americans in the crew included Tristram Shandy, John Louie and Julius Caesar.
28. [Jamaica] *Royal Gazette*, 29 Sept. 1781 in Michael Mullin, *Africa in America: Slave Acculturation and Resistance in the American South and the British Caribbean, 1736–1831* (Urbana, 1992), p. 35.
29. Stephen J. Braidwood, *Black Poor and White Philanthropists: London's Blacks and the Foundation of the Sierra Leone Settlement 1786–1791* (Liverpool, 1994), p. 27; John Quaco first set out on the slaver *John and Martha* in 1747 for Calabar (crew 55), *Sylvia* in 1749 for the Gold Coast (crew 25), and *Jolly Batchelor* in 1754 for Upper Guinea and the Gold Coast (crew 32): SMV/9/3/3/4 no. 123, Bristol Record Office (kindly supplied by Stephen Behrendt) and *TSTD* id. 17180, 17254 and 17369; Madge Dresser, *Slavery Obscured: The Social History of the Slave Trade in an English Provincial Port* (London, 2001), pp. 77, 79, 92 n.75; Christopher, *Slave Ship Sailors*, p. 46; Cutter *Sally*, BT 98/52 no. 196, 15 Jan.–29 May 1792, Nat. Archs (kindly supplied by Stephen Behrendt); John Downman (1750–1824)'s drawing (in 1815) of Thomas Williams notes that 'Burnt Umber & w[hite] perfectly expresses the complexion of a Negro': Jan Marsh (ed.), *Black Victorians: Black People in British Art 1800–1900* (Aldershot, 2005), p. 116.
30. Norma Myers, *Reconstructing the Black Past: Blacks in Britain 1780–1830* (London, 1996), p. 8, 22, 35, 67–73; David George in Vincent Carretta (ed.), *Unchained Voices: An Anthology of Black Authors in the English-Speaking World of the 18th Century* (Lexington, 1996), pp. 343, 350 n.68; Ian Duffield, 'Skilled Workers or Marginalized Poor? The African Population of the United Kingdom 1812–1852', in David Killingray (ed.), *Africans in Britain* (Ilford, 1994), pp. 49–87 and '"I Asked How the Vessel Could Go": The Contradictory Experiences of African and African Diaspora Mariners and Port Workers in Britain, c. 1750–1850', in Anne J. Kershen (ed.), *Language, Labour and Migration* (Aldershot, 2000), pp. 121–54. The Somerset case did not have a transformative effect on the legal status of slaves in England – see in particular Ruth Paley, 'After Somerset: Mansfield, Slavery and the Law in England, 1772–1830', in Norma Landau (ed.), *Law, Crime and English Society, 1660–1830* (Cambridge, 2002), pp. 165–84 – but arguably it did have an important de facto impact. Slaves from as far away as Rhode Island and Virginia fled to England because they had heard of the case, e.g. *Newport Mercury*, 28 Sept. 1772 and *Virginia Gazette* (Purdie & Dixon), 30 Sept. 1773.
31. To date, I have found six different images of Billy Waters; for two, see Marsh, *Black Victorians*, pp. 100, 110–11, 195; Gretchen Gerzina, *Black London* (New Brunswick, 1995), plate 13, p. 138.
32. Patrick O'Brian, *Joseph Banks: A Life* (London, 1988), pp. 68, 82, as cited in Duffield, 'I Asked How the Vessel Could Go', p. 144; Vincent Carretta, *Equiano The African: Biography of a Self-Made Man* (Athens, GA, 2005); Ian Duffield, 'Billy Blue: A Legend of Early Sydney', *History Today*, 37 (Feb. 1987): 43–8 and 'Billy Blue: Power, Popular Culture and Mimicry in Early Sydney', *Journal of*

Popular Culture, 33 (1999): 7–22.

33. With the help of the National Maritime Museum, I have assembled a large number of images of naval scenes showing black sailors. See also Geoff Quilley, 'The Face of the Sea: Race, Slavery and the Image of the Circum-Atlantic Sailor, c. 1750–1830' (unpublished essay).
34. Carretta, *Equiano*, pp. 83–4 (Barber), 39–85 (Equiano's naval service), 86–88 (Castillo), 210–11 (Annis); blacks were frequently relegated to the role of cook on both naval and merchant ships; Julie Winch, *A Gentleman of Color: The Life of James Forten* (New York, 2002), pp. 43–6; Case of the Lawrence, 1776, CO5/148, 37–99, 122–4, 140–1, 313–14, Nat. Archs, and also Charles R. Foy, 'England as a Land of Liberty: The Lawrence's Black Sailors in 1776' (unpublished paper).
35. Capt John Colpoys to Earl of Sandwich, 14 Aug. 1780, Sandwich Papers, SAN/F/24/47, NMM (my thanks to N.A.M. Rodger for alerting me to this letter); I have tracked Fielding in Adm 34/494 and Adm 52/1876 on the *Montreal*; and in Adm 34/534, Adm 36/10098, Adm 36/10099, Adm 51/650 Pt 1, and Adm 52/1893 on the *Orpheus*, Nat. Archs. On a boatswain's duties and entitlements, see Brian Lavery, *Nelson's Navy: The Ships, Men and Organization, 1793–1815* (London, 1989), pp. 102–3, 141.
36. Morgan, *Slave Counterpoint*, pp. 341–2 and 'Black Life in Eighteenth-Century Charleston', *Perspectives in American History*, N.S., 1 (1984): 213; but I am most indebted to William Harris of the University of New Hampshire, who shared with me his latest (as yet unpublished) research on Thomas Jeremiah, which is the best information on him.
37. Richard B. Sheridan, 'From Jamaican Slavery to Haitian Freedom: The Case of the Black Crew of the Pilot Boat, Deep Nine', *Journal of Negro History*, 67 (1982): 328–39.
38. Linebaugh and Rediker, *The Many-Headed Hydra*, p. 222, and Adm 36/4461, Nat. Archs, which reveals that HMS *Wager* was in Jamaica when Apongo was said to have come to the island; Neville Hall, 'Maritime Maroons: Grand Marronage from the Danish West Indies', *WMQ*, 3d Ser., 42 (1985): 476–98; Jorge L. Chinea, 'A Quest for Freedom: The Immigration of Maritime Maroons into Puerto Rico, 1656–1800', *Journal of Caribbean History*, 31/1&2 (1997): 51–87; Julius Sherrard Scott, III, 'The Common Wind: Currents of Afro-American Communication in the Era of the Haitian Revolution' (PhD dissertation, Duke University, 1986), 'Afro-American Sailors and the International Communication Network: The Case of Newport Bowers', in Howell and Twomey, *Jack Tar in History*, pp. 37–52, and 'Crisscrossing Empires: Ships, Sailors, and Resistance in the Lesser Antilles in the Eighteenth Century', in Robert L. Paquette and Stanley L. Engerman (eds), *The Lesser Antilles in the Age of European Expansion* (Gainesville, 1996), pp. 128–43; Bolster, *Black Jacks*, p. 36.
39. HMS *Garlands* muster roll, 1757–66, ADM 36/7390, Nat. Archs (my thanks to Charles Foy for this reference); Daniel Vickers, *Young Men and the Sea: Yankee Seafarers in the Age of Sail* (New Haven, 2005), p. 240; letters from, and depositions concerning, 'Negro Ben', vol. XVI, pp. 97–103, Mss 9003, R.I. Hist. Soc.

第八篇

1. Philippa Levine (ed.), *Gender and Empire* (Oxford, 2004); Angela Woollacott, *Gender and Empire* (Basingstoke, 2006); Kathleen Wilson (ed.), *A New Imperial History: Culture, Identity and Modernity in Britain and the Empire 1660–1840* (Cambridge, 2004); Catherine Hall and Sonya O. Rose (eds), *At Home with the Empire: Metropolitan Culture and the Imperial World* (Cambridge, 2006).
2. See, for example, Ann Laura Stoler, *Carnal Knowledge and Imperial Power: Race and the Intimate in Colonial Rule* (Berkeley, 2002); Philippa Levine, *Prostitution, Race, and Politics: Policing Venereal Disease in the British Empire* (New York, 2003); E.M. Collingham, *Imperial Bodies: The Physical Experience of the Raj, c.1800–1947* (Cambridge, 2001).
3. See, for example, Catherine Hall, *Civilising Subjects: Metropole and Colony in the English Imagination, 1830–1867* (Cambridge, 2002).
4. Christopher Leslie Brown, *Moral Capital: Foundations of British Abolitionism* (Berkeley, 2006).
5. C.A. Bayly, *Imperial Meridian: The British Empire and the World 1780–1830* (London, 1989).
6. Leonore Davidoff and Catherine Hall, *Family Fortunes: Men and Women of the English Middle Class 1780–1850* (London, 2002).
7. Sylvia van Kirk, *'Many Tender Ties': Women in Fur-Trade Society in Western Canada, 1670–1870* (Winnipeg, 1981); Durba Ghosh, *Sex and the Family in Colonial India: Making an Empire* (Cambridge, 2006).
8. Michael Craton, *Testing the Chains: Resistance to Slavery in the British Caribbean* (Ithaca, 1982); Barbara Bush, *Slave Women in Caribbean Society, 1650–1838* (Bloomington, 1990).
9. Clare Midgley, *Women against Slavery: The British Campaigns 1780–1870* (London, 1992).
10. Frederick Cooper and Ann Laura Stoler (eds), *Tensions of Empire: Colonial Cultures in a Bourgeois World* (Berkeley, 1997), p. 4.
11. Niall Ferguson, *Empire: How Britain Made the Modern World* (London, 2003).
12. See, for example, Thomas C. Holt, *The Problem of Freedom: Race, Labor and Politics in Jamaica and Britain 1832–1938* (Baltimore, 1992); Uday Singh Mehta, *Liberalism and Empire: A Study in Nineteenth Century British Liberal Thought* (Chicago, 1999); Catherine Hall, Keith McClelland and Jane Rendall, *Defining the Victorian Nation: Class, Race, Gender and the British Reform Act of 1867* (Cambridge, 2000).
13. Rozina Visram, *Asians in Britain: 400 Years of History* (London, 2002), chs 6 and 7.
14. Sander Gilman, 'Black Bodies, White Bodies: Towards an Iconography of Female Sexuality in Late Nineteenth Century Art, Medicine and Literature', in James Donald and Ali Rattansi (eds), *'Race', Culture and Difference* (London, 1992); Mrinalini Sinha, *Colonial Masculinity: The 'Manly Englishman' and the 'Effete Bengali' in the Late Nineteenth Century* (Manchester, 1995).
15. Quoted in Peter Linebaugh and Marcus Rediker, *The Many-Headed Hydra: Sailors, Slaves, Commoners and the Hidden History of the Revolutionary Atlantic* (London, 2000), p. 148.
16. Ibid., p. 167.

17. Margaret S. Creighton and Lisa Norling (eds), *Iron Men, Wooden Women: Gender and Seafaring in the Atlantic World, 1700–1920* (Baltimore, 1996).
18. Emily Eden, *Letters from India* edited by her niece. 2 vols (London, 1872), I, pp. 20–1.
19. Hilary Callan and Shirley Ardener (eds), *The Incorporated Wife* (London, 1984).
20. Philip Wright (ed.), *Lady Nugent's Journal of her Residence in Jamaica from 1801–1805* (Kingston, 1966), pp. 1–2.
21. Ibid., pp. 1–2.
22. Sidney Mintz, *Sweetness and Power: The Place of Sugar in Modern History* (New York, 1985); Robin Blackburn, *The Making of New World Slavery: From the Baroque to the Modern* (London, 1997).
23. James Stewart, *A View of the Past and Present State of the Island of Jamaica*, 1st. edn 1823 (New York, 1969), pp. 173–4.
24. Wright (ed.), *Lady Nugent's Journal*, p. 187.
25. Ibid, pp. 29, 87, 172.
26. For a longer discussion of this issue see Hall, *Civilising Subjects*.
27. Wright (ed.), *Lady Nugent's Journal*, pp. 63, 77, 86–7, 98, 199, 220, 226, 237.
28. Deborah A. Thomas, *Thackeray and Slavery* (Athens, OH, 1993), p. 11.
29. Cited in Patrick Brantlinger, *Rule of Darkness: British Literature and Imperialism 1830–1914* (Ithaca, 1994), pp. 74–5.
30. See, for example, Lata Mani, *Contentious Traditions: The Debate on Sati in Colonial India* (Berkeley, 1998); Clare Midgley, 'From Supporting Missions to Petitioning Parliament: British Women and the Evangelical Campaign against *sati* in India 1813–1830', in Kathryn Gleadle and Sarah Richardson (eds), *Women in British Politics 1760–1860: The Power of the Petticoat* (Basingstoke, 2000).
31. James Mill, *History of British India*, 1st edn 1818 (New York, 1968), pp. 309–10.
32. Brantlinger, *Rule of Darkness*, p. 75.
33. Douglas M. Peers, *Between Mars and Mammon: Colonial Armies and the Garrison State in India 1819–1875* (London, 1995), p. 1.
34. Thomas Pinney (ed.), *The Letters of Thomas Babington Macaulay*, 5 vols (Cambridge, 1976), III, pp. 39, 50.
35. Thomas Babington Macaulay, *Literary and Historical Essays Contributed to the Edinburgh Review* (Oxford, 1913).
36. A few years later Thackeray published *The Irish Sketch Book*, a work that Irish nationalists were less than enthusiastic about. 1st published 1842. George Saintsbury (ed.), *The Oxford Thackeray*, 17 vols, vol. V (Oxford, n.d.).
37. William Makepeace Thackeray, *Some Passages in the Life of Major Gahagan*, ed. P.M. Shillingsburg, *The Works of William Makepeace Thackeray* (New York, 1991), IV, pp. 2, 6–7, 11.
38. Ibid., pp. 27, 29.
39. Ibid., pp. 32, 39.
40. Jenny Sharp, *Allegories of Empire: The Figure of the Woman in the Colonial Text* (Minneapolis, 1993); Graham Dawson, *Soldier Heroes: British Adventure, Empire, and the Imagining of Masculinity* (London, 1994); Nancy L. Paxton, *Writing Under the Raj: Gender, Race and Rape in the British Colonial Imagination 1830–1947* (New Brunswick, 1999). For a slightly different perspective see

Alison Blunt, 'Spatial Stories Under Siege: British Women Writing from Lucknow in 1857', *Gender, Place and Culture*, 7/3 (2000): 229–46.
41. Brantlinger, *Rule of Darkness*.
42. Heather Streets, *Martial Races: The Military, Race and Masculinity in British Imperial Culture 1857–1914* (Manchester, 2004).
43. John M. MacKenzie (ed.), *Imperialism and Popular Culture* (Manchester, 1986).

图1　或在黄金海岸划着小舟的非洲人。创作于1775年（加布里埃尔·布雷创作，PAJ2022）

图 2　或为塞拉利昂的克鲁人。创作于 1775 年

（加布里埃尔·布雷创作，PAJ2038）

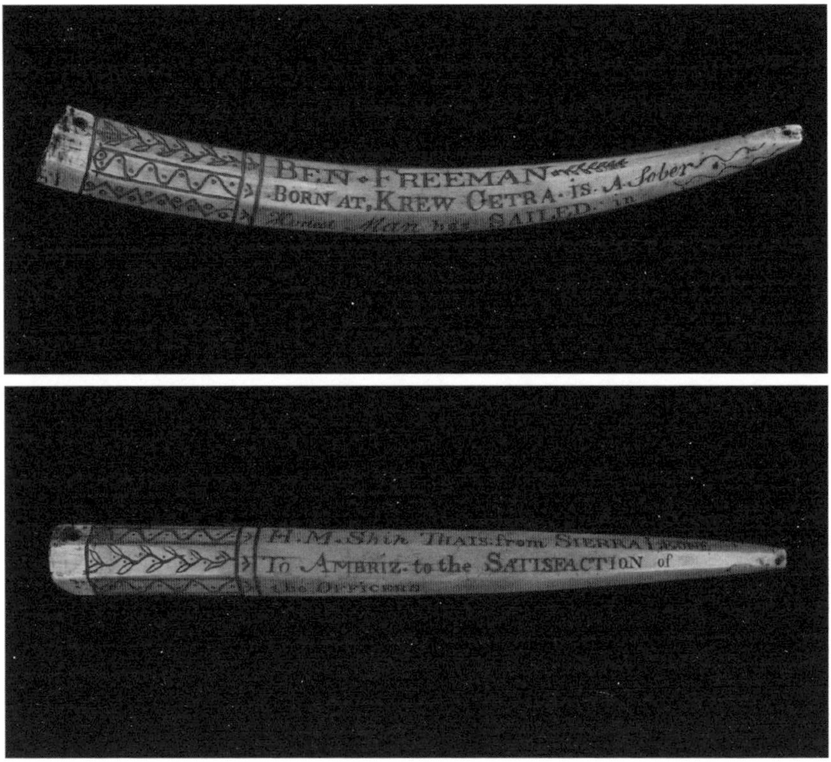

图 3　非洲海员的纪念品。创作于 1812—1813 年(ZBA2465)

图4　或为在安提瓜英吉利海港“一只被推翻并烧毁的船”

（加布里埃尔·布雷创作，BIIC1116）

图 5　船长罗伯特·劳里先生的仆人汤姆。大约创作于 1745 年

（无名氏，PAH4939）

图 6　在格林尼治领取救济金的人。大约创作于 1800 年

（约翰·瑟斯顿，PAH3303）

（注：图 1 至图 6 由英国国家海事博物馆友情提供）